ニュートン式
超図解
最強に面白い!!

脳

はじめに

私たちは，日常生活で何をするにも，「脳」を使っています。ものを考えたり記憶したりするのはもちろんのこと，うれしい気持ちを感じるのも，体を動かすのだって，脳のはたらきのおかげなのです。脳は，私たちらしさを生む，人体の最重要パーツだといえるでしょう。

脳のはたらきをつくりだしているのは，情報をやりとりする細胞である「神経細胞」です。私たちの脳には，なんと1000億個もの神経細胞があります。脳の中では，それぞれの神経細胞がつながりあって，とても大きなネットワークをつくっています。そして，私たちがものを覚えたり勉強したりするときには，この神経細胞のネットワークに変化がおきることで記憶がつくられると考えられています。

本書は，いまだ多くの謎が残る脳のしくみを，“最強に”面白く紹介する1冊です。本書を読めば，私たちの脳がどれほどすごいのか，きっと実感できることでしょう。どうぞお楽しみください！

ニュートン式 超図解 最強に面白い!!

脳

イントロダクション

1. 脳の主役は神経細胞

2. 謎に満ちた記憶のしくみ

3. 感情は脳で生まれる

4. 体の動きも脳しだい

5. おそろしい脳の病気

イントロダクション

脳はいまだに「人体最後の秘境」といわれるほど謎に包まれています。イントロダクションでは，脳の構造や役割を簡単に紹介していきましょう。

1 多くの謎に包まれた人体最後の秘境「脳」

脳の中には，宇宙のような壮大な世界が広がる

人体の中でも，脳のはたらきについては，その多くがまだ解明されていません。**それは，私たちの脳の中には，まるで宇宙のような壮大な世界が広がっているからです。**

たとえば銀河系には，1000億以上の星が輝いています。それらの星どうしが，たがいに通信回線でつながっているようすを想像してみください。通信回線がつくるネットワークが，情報のやり取りをくりかえしながら，銀河系の1000億以上の星を一つにつないでいます。

私たちの脳は38億年以上かかってつくりだされた

気の遠くなるような世界です。このような世界こそが，私たち一人一人がもっている脳の姿なのです。私たちの脳では，電気信号を伝える機能に特化した細胞である「神経細胞」が，およそ1000億も集まって，天文学的な規模の情報社会をつくっています。

私たちの脳は，38億年以上にわたる生物の進化の中でつくりだされてきたものです。この間に絶え間なく，少しずつ改良を加えながら遺伝子を守り育て，伝えつづけてきた結果，現在の私たちの脳が存在しているのです。

宇宙をしのぐフロンティア

脳には，たくさんの神経細胞がつながってできた巨大なネットワークが張り巡らされています。その規模は，宇宙に浮かぶ銀河系を思わせます。

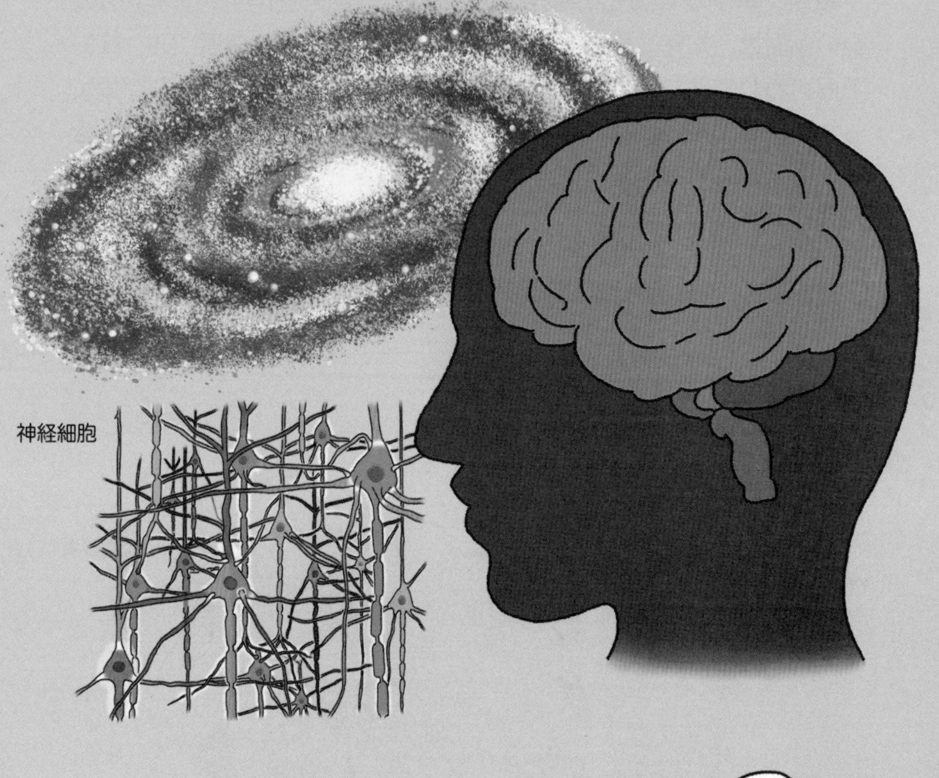

神経細胞どうしがつながっている場所の数は，
ヒトの脳では1000兆にものぼるぞ！

2 脳の中をくわしく見てみよう！

脳の構造は，基本的に左右対称

脳は，基本的に左右対称な構造をしています（下のイラストA）。脳の表面は，知覚，思考，運動などを制御する「大脳皮質（灰白質）」でおおわれており，ここには神経細胞の本体である「細胞体」が集まっています。また，脳の内部にも，「尾状核」や「被殻」など，細胞体が集まった場所が，左右対称に点在しています。これらは「大脳基底

脳の構造

脳の断面をえがきました。ここでは，脳の中でもとくに代表的な構造や部位を中心に紹介しています。

A. 前方部分の断面

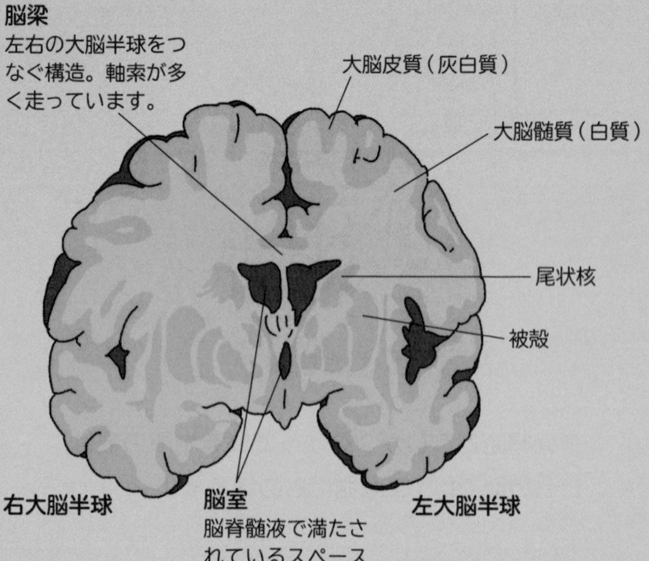

核」とよばれ，運動の調節などにかかわっています。

脳の内側の大部分には，「大脳髄質（白質）」が広がっています。ここには神経細胞のケーブルである「軸索」がはりめぐらされています。

「視床」にはさまざまな感覚情報が集まる

次に，脳を左右に切断した断面を見てみましょう（B）。大脳におおわれた中央部には，「視床」とよばれる場所があります。視床は，嗅覚以外の感覚情報が集まってくる場所です。

視床の下には，「橋」や「延髄」といった場所があり，ここでは，呼吸や心臓のリズムが調節されています。視床の右下方には，眼球，手足の動き，姿勢などを調節する「小脳」があります。

B. 横から見た断面

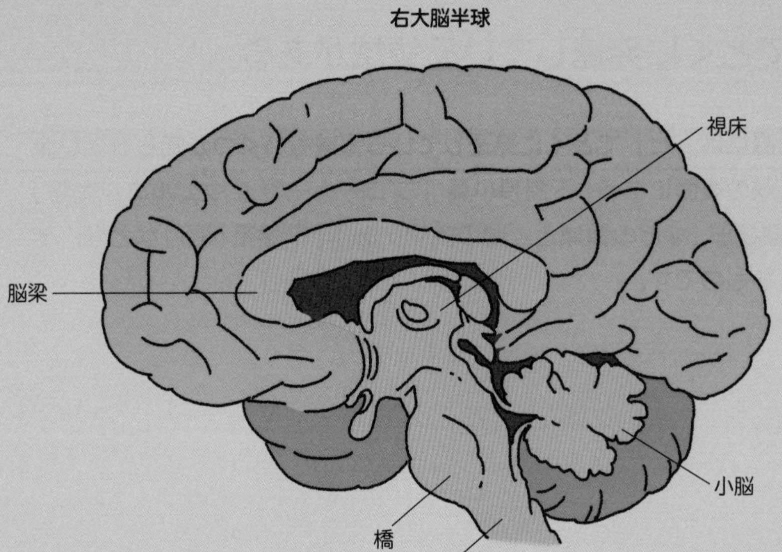

3 大脳は，場所によって さまざまな役割をもっている

大脳皮質は四つに分けられる

脳の表面をおおう大脳皮質は，しわしわに折りたたまれています。そして，とくに大きなしわを境界に，「前頭葉」「頭頂葉」「後頭葉」「側頭葉」の四つの部位に大きく分けられます。

大脳皮質は，場所ごとにことなるはたらきをになっています。たとえば，頭のうしろ側にある後頭葉の一部が傷つくと，視野が欠けてしまうことがあります。この脳の領域には，眼からの情報が送られているからです（一次視覚野とよぶ）。**視覚だけなく，五感の情報が送られてくる脳の領域は，それぞれことなります（右のイラスト）。**

ヒトでとくに発達している領域がある

大脳には，ヒトでとくに発達している領域もいくつか知られています。脳の表面にある「下頭頂小葉」「ブローカー野」「ウェルニッケ野」「前頭極部」などの領域と，脳の内側にある「前頭帯状回」などが，その主なものです。

ブロードマンの地図

大脳は，場所によって機能がことなります。層の厚みなどから，大脳を43の領野に区分した「ブロードマンの脳地図」が，大脳の領域を指し示すときによく用いられます（欠番をふくむため52野まである）。

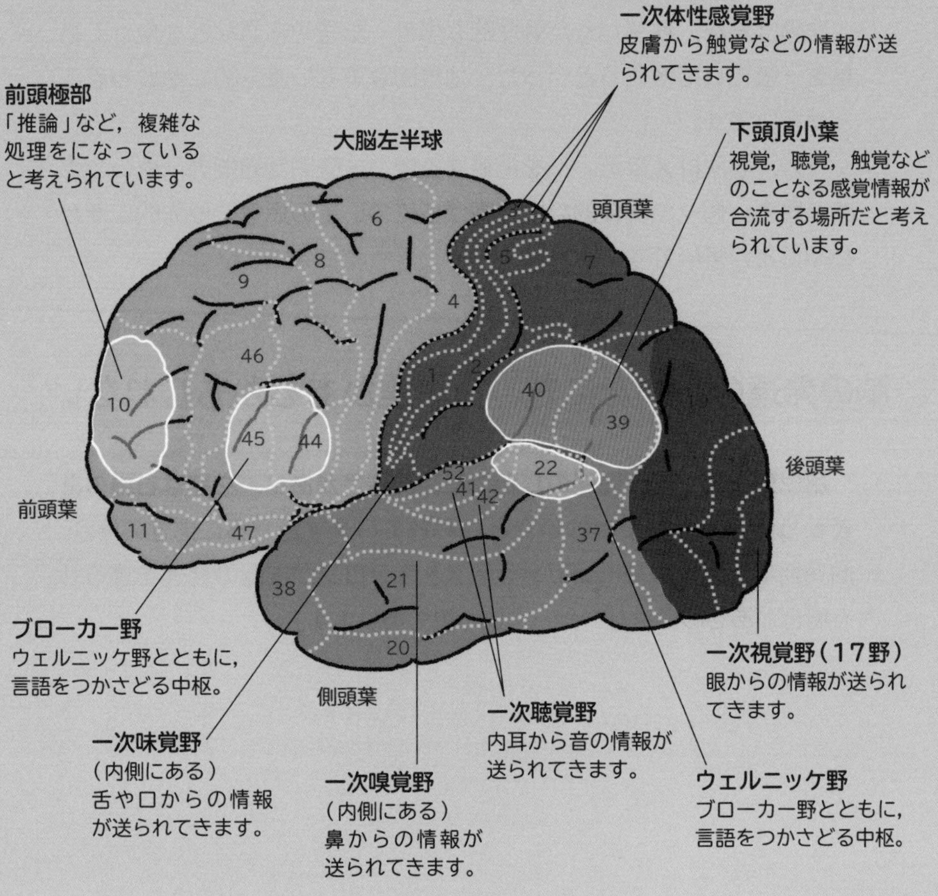

4 右脳と左脳は，得意分野がちがう

左脳は言語，右脳は空間認知に深くかかわっている

大脳は右半球（右脳）と左半球（左脳）に分けられます。**右脳と左脳は形こそよく似ていますが，より優先的にになう機能がことなります。**

左脳は言語，秩序だった論理的な思考，記号や言語などを使って物事を一般化して考えるといった，抽象的な思考に優先的にかかわることが多いです。

一方，右脳はメロディーを把握する能力，空間認知能力，思いつき的な思考，個々の具体的な物や事がらについての思考に優先的にかかわることが多いです。

脳の発達のしかたにも，左右差があるかもしれない

胎児期には，脳の発達のしかたには左右差があり，左脳は右脳のあとから発達するのではないかといわれています。さらに男性の場合，胎児期に，男性ホルモンであるテストステロンが左脳の発達を遅らせる場合があるのではないか，という説もあります。

右脳と左脳

大脳皮質では，右脳と左脳で優先的にになう機能がことなるようです。左脳は，言語や計算，論理的思考などに優位にかかわっていて，右脳はメロディーを理解したり，空間認知などに優位にかかわっているといわれています。

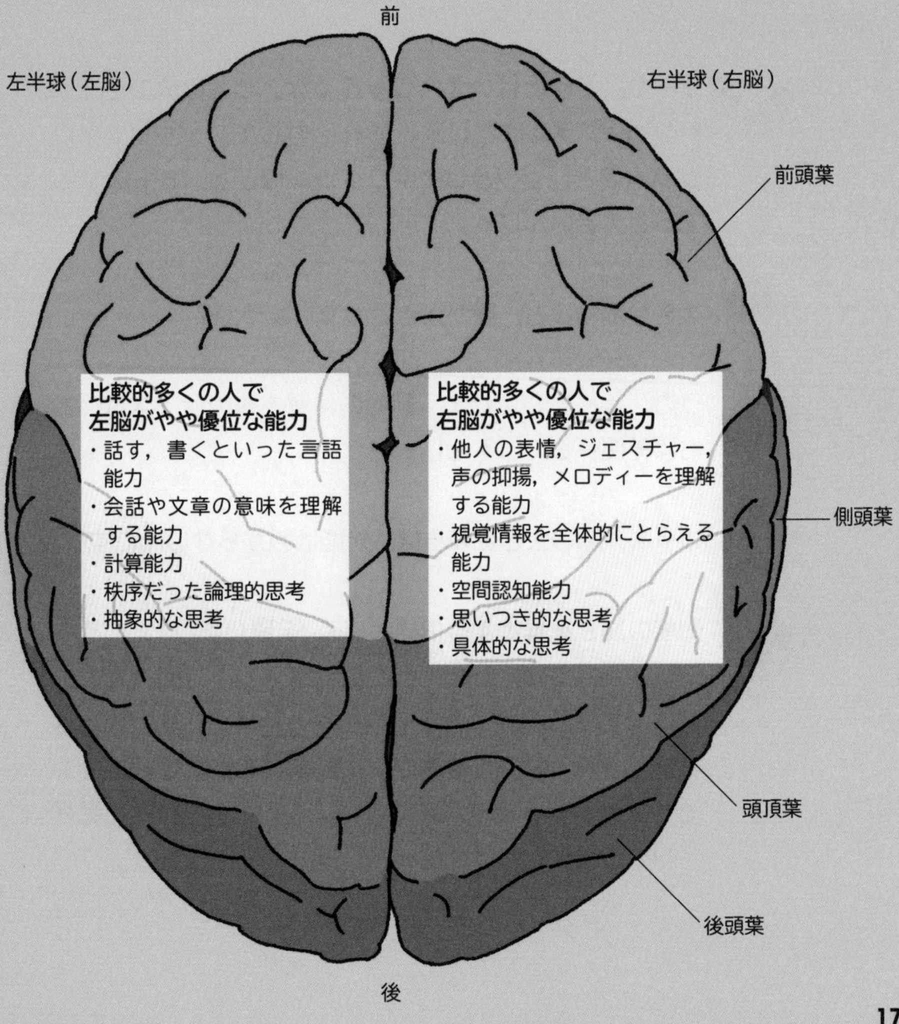

博士！
教えて!!

脳が大きいほど頭がいいの？

博士！　脳の大きい生き物は，その分，頭もいいんですか？

うーむ，そうとはいえんじゃろうな。ヒトの脳の重さは1.4キログラムほどじゃ。それに対して，ゾウは4キログラムほど，クジラは7キログラムほどと，ヒトよりもずっと大きいんじゃ。

大きな動物ほど，脳が大きいのでしょうか？

うむ，よく気づいた！　動物の体重と脳のサイズは，おおよそ関係しているんじゃ。

じゃあ，脳の大きさからは，知能はわからないんですね。

知能の高さを推定する指標として，「脳化指数」というものが使われることがあるぞ。脳の重さが，その体重に見合った標準的な脳の重さの何倍かを示す値じゃ。ヒトは7くらいで，クジラやゾウは1前後じゃ。ただし，そもそも知能というものがあいまいじゃし，脳化指数には批判的な意見もあるようじゃ。

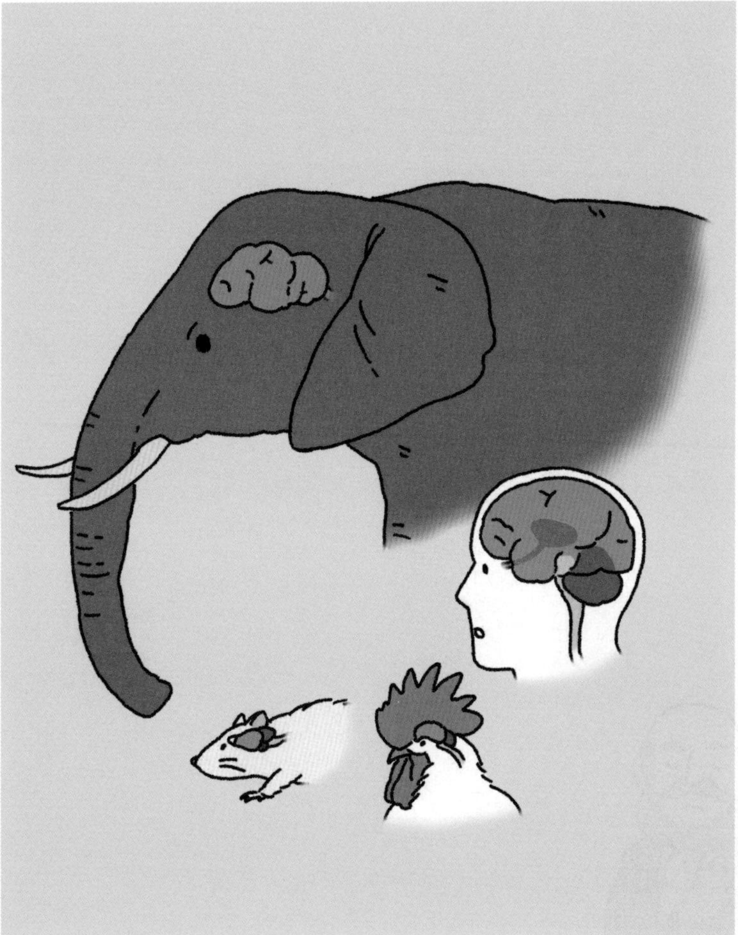

1. 脳の主役は神経細胞

脳の中では，たくさんの「神経細胞」がたがいに結びつき，複雑なネットワークを築いています。第１章では，神経細胞のはたらきについて，探っていきましょう。

1 脳の中には，1000億個の神経細胞がある

神経細胞は突起を使って信号をやり取りしている

　ヒトの脳の中には，1000億の神経細胞があるといわれています。神経細胞の本体である「細胞体」からは，細長い突起が何本も出ています。神経細胞はこの突起を使ってほかの神経細胞と接続し，信号をやり取りしています。

　神経細胞の突起は，2種類あります。信号の送り手となる「軸索」と，

神経細胞の構造

神経細胞は，突起を使ってほかの神経細胞と信号のやり取りをしています。情報の送り手は「軸索」，受け手は「樹状突起」とよばれ，区別されています。

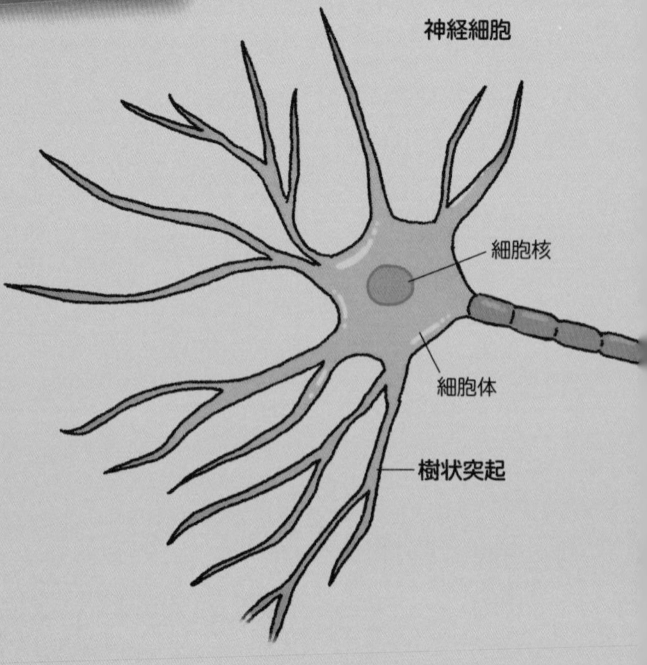

信号の受け手となる「樹状突起」です。通常，軸索は，一つの神経細胞に１本しかありません。細胞体から出た１本の軸索は，時に枝分かれしながらほかの神経細胞の樹状突起につながります。このつなぎ目は，「シナプス」とよばれています。

神経細胞にはさまざまな種類がある

神経細胞には，さまざまな種類があります。たとえば，大脳皮質や海馬に多くみられる「錐体細胞」という神経細胞は，三角錐のような細胞体と，そこからのびる数本の樹状突起と１本の軸索をもっています。

ほかにも，「顆粒細胞」や「プルキンエ細胞」などといった神経細胞が知られており，それぞれが脳の活動を支えています。

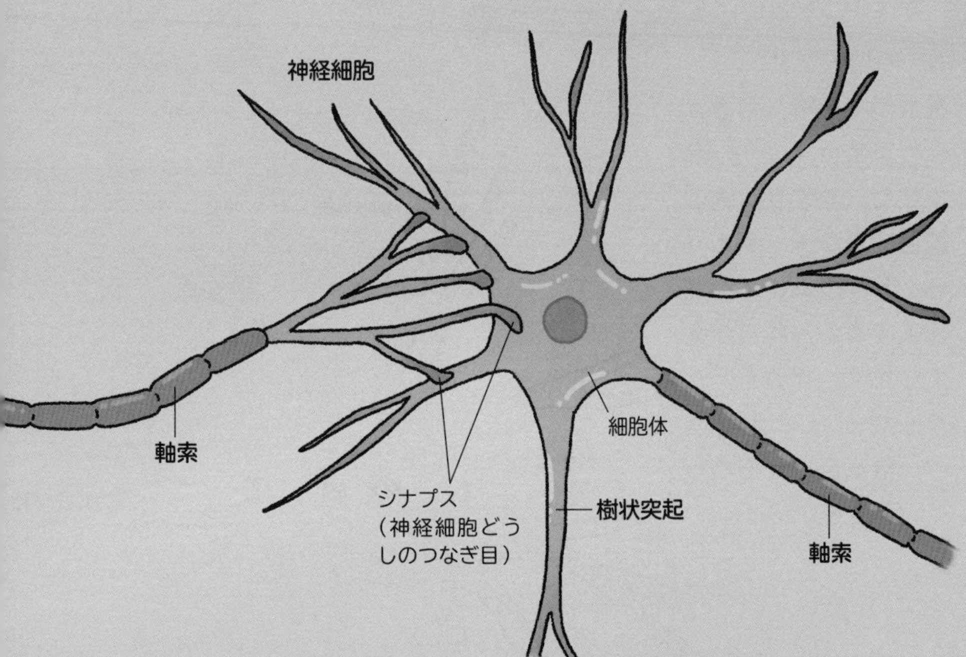

2 脳の信号は，電線を通って伝えられる

信号の伝道速度は，１秒間に１００メートルにも達する

神経細胞の細胞体から長くのびている「軸索」は，電気的な信号を次の神経細胞へ伝える電線ともいえます。軸索は，長いものでは1メートルに達します。多くの軸索には「ミエリン鞘」といわれる細胞が巻きついています。ミエリン鞘は電気を通さない絶縁体で，電気的な信号は，ミエリン鞘の節目から節目へ伝わっていきます。信号の伝道

電気信号が伝わるしくみ

軸索の中を電気信号が伝わるようすをえがきました。ミエリン鞘の節目にあるチャネルからナトリウムイオンが流入すると，電流が発生します。すると，となりのチャネルが開き，電気信号が伝わっていきます。

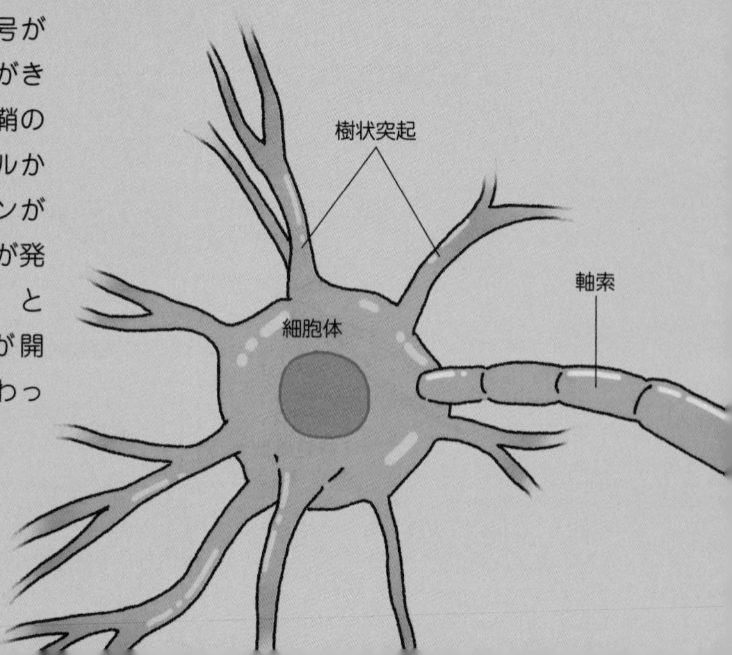

速度は最大で1秒間に100メートルにも達します。

電気信号は，弱まることなく伝わっていく

電気信号が伝わるしくみをみてみましょう。軸索の表面には，「ナトリウムイオンチャネル」という穴がいくつもあります。神経細胞に電気的な刺激が伝わると，このチャネルの穴が開き（下のイラスト1），プラスの電気をおびたナトリウムイオンが外側から一気に流れこみます（2）。すると，軸索の内部で，部分的に電流が生じます（3）。これを感知したとなりのチャネルが開き（4），新たに軸索内部にナトリウムイオンが流れてきて電流を生じさせます。**このような反応の連鎖によって，信号は弱まることなく伝わっていくのです。**

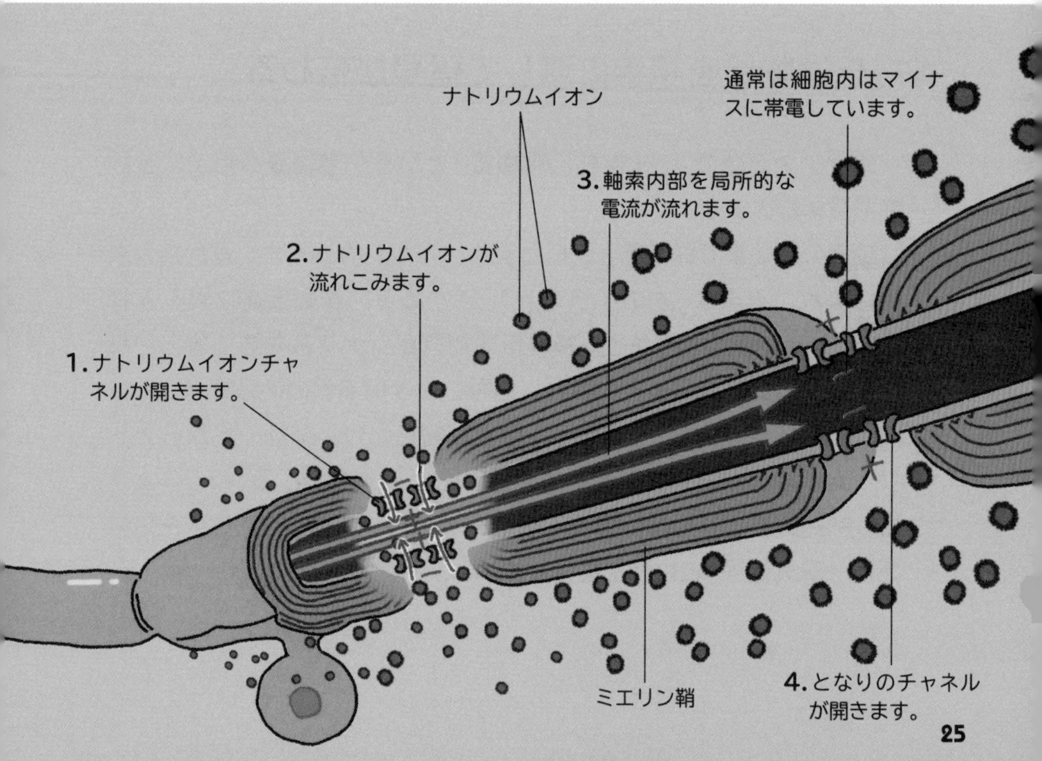

3 神経細胞どうしは，すきまでへだてられている

神経細胞の間のすきまは，20 ～ 40ナノメートル

神経細胞どうしのつなぎ目をシナプスといいます。ただし，神経細胞どうしは，直接つながっているわけではありません。**神経細胞と神経細胞の間には，非常にわずかなすきまが存在しているのです。**そのすきまを，「シナプス間隙」といいます。シナプス間隙は，電子顕微鏡でしか見ることができません。その距離は，20 ～ 40ナノメートル(1ナノは100万分の1ミリ)ほどです。

神経伝達物質を相手に渡して信号が伝わる

シナプス間隙では，「神経伝達物質」という化学物質を相手に渡して信号を伝えます。

軸索の末端まで電気信号が伝わると，カルシウムイオンが軸索の末端に流れこみます(右のイラスト1)。すると，神経伝達物質を入れた袋(シナプス小胞)から，神経伝達物質がシナプス間隙に放出されます(2)。この神経伝達物質が，信号を受け取る側の神経細胞にある「受容体」に結合すると，受容体の穴が開き(3)，細胞の外からナトリウムイオンが流れこんで電気信号が伝わります(4，5)。このように，神経細胞と神経細胞の間での信号の伝わり方は「電気信号→化学信号→電気信号」という形をとります。

情報伝達がおきるしくみ

軸索の末端に電気信号が伝わると，シナプス間隙に神経伝達物質が放出されます。相手の神経細胞が神経伝達物質を受け取ることで，信号が伝えられます。

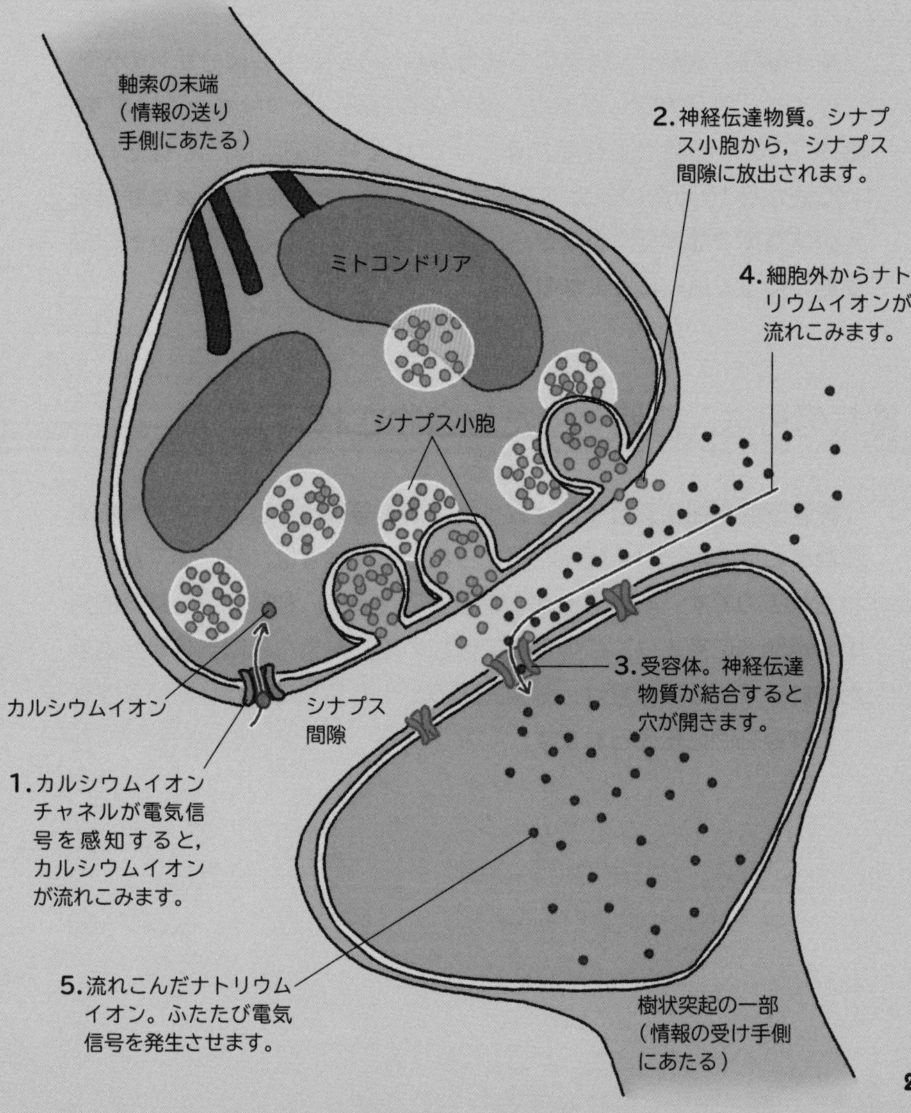

4 脳には，複雑なネットワークがはりめぐらされている

神経細胞は，100個から10万個のシナプスをもつ

神経細胞の軸索は，何本にも枝分かれしています。枝分かれの先端にはそれぞれシナプスがあり，ほかの神経細胞とつながっています。脳内に1000億個以上存在するといわれる神経細胞は，それぞれが100個から10万個のシナプスをもっています。**神経細胞はたがいにシナプスでつながり合いながら，想像を絶するほど複雑なネットワークをつくっていることになります。**

電気信号は，細胞体でたし合わされる

神経細胞が樹状突起で受け取った電気信号は，そのまま軸索へ伝えられるわけではありません。伝えられた電気信号は，細胞体でたし合わされるのです。そしてある一定量をこえると，神経細胞の電気的活動が爆発的に高まり，このときにはじめて，軸索へと電気信号が送りだされます。この信号は，軸索先端のシナプスでつながっているすべての神経細胞に伝えられます。

神経細胞のネットワーク

脳内では，神経細胞がたがいにシナプスで結びつき合いながら，複雑なネットワークをつくっています。このネットワークの中をぼう大な情報の信号が行きかっており，脳の活動をになっています。

5 神経細胞には，介護役がいる

神経細胞でない細胞がみつかった

19世紀の中ごろ，脳の中に神経細胞でない細胞が発見されました。「グリア細胞」とよばれる細胞です。**グリア細胞は，神経細胞の近くにいて，常に神経細胞を介護するような存在だといわれています。**

神経細胞へ栄養を給仕している

複数種類あるグリア細胞のうち，代表的な細胞の一つが「アストロサイト」です。**アストロサイトは，神経細胞などの足場となり，信号伝達のため細胞内外のイオンなどの濃度をととのえています。**アストロサイトの名前は，星を意味するギリシア語の「アストロ」に由来します。アストロサイトが，星形の細胞として観察できるためです。アストロサイトの数は，神経細胞と同等以上と推定されています。無数の突起を広範囲にのばして，広がった先端で血管を包んだり，神経細胞本体に密着したりしているといわれています。

さらにアストロサイトは，血管から神経細胞へ，栄養（乳酸）を給仕するはたらきをもっていると考えられています。

神経細胞の介護役

グリア細胞の一種である「アストロサイト」は，毛細血管からグルコースを取りこむと，神経細胞のエネルギー源となる乳酸をつくって神経細胞に供給します。また，細胞外のイオン濃度の調節などをします。

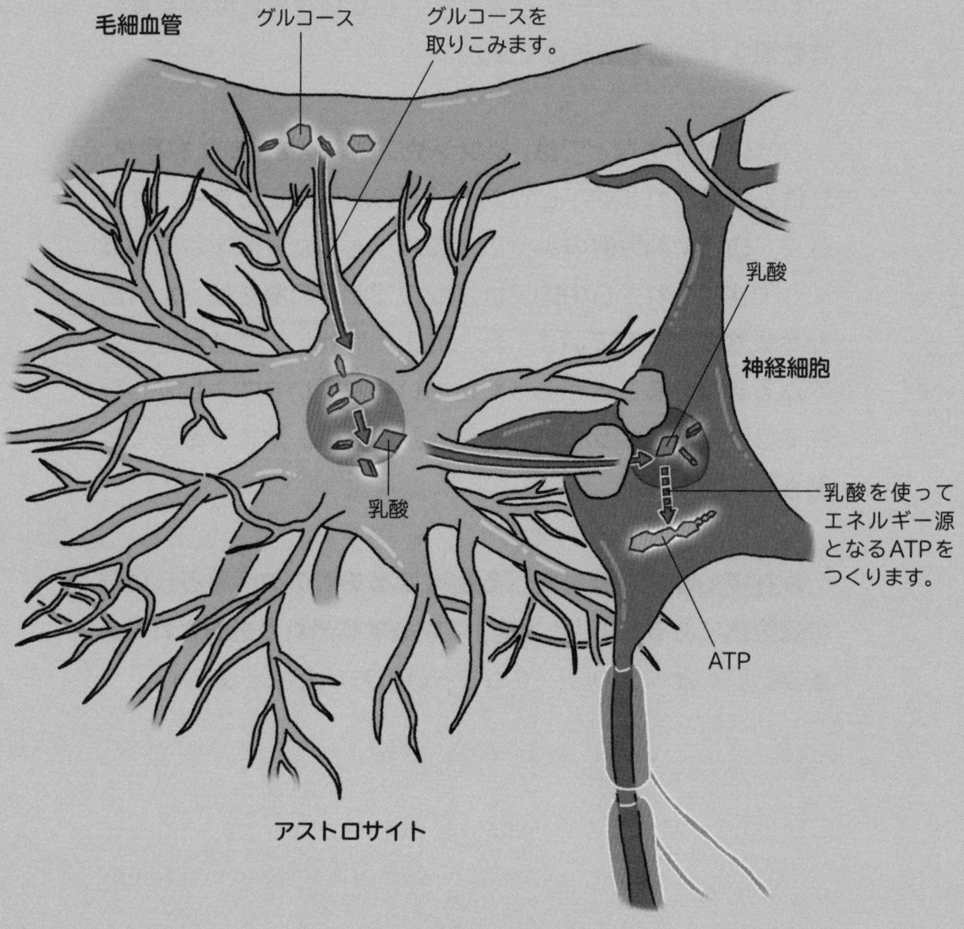

もしかしておいしい？「脳料理」

ふだん動物の肉や内臓は食べても，脳を食べたことがある人はそれほど多くないことでしょう。「脳を食べるなんてとんでもない」と思うかもしれません。**しかし世界には脳を食べる習慣をもつ国もあるのです。**

アジアや中東などでは，ヒツジやブタの脳を使った料理が，しばしば見られます。ヒツジやブタの脳は味にあまりクセがなく，白子や絹豆腐のようにふんわりとした食感をしているそうです。それから中国では，かつてサルの脳を使った料理が高級珍味とされていました。清王朝時代に，宮廷料理としてふるまわれることがあったともいわれています。しかし現在では，こうしたサルの脳を使った料理は，法律で厳しく規制されています。

現在でも動物の脳を食べる地域はあるものの，恐ろしい脳の伝染病である「プリオン病」に感染する恐れが指摘されています。脳を食べるのは，やめておいた方がよさそうです。

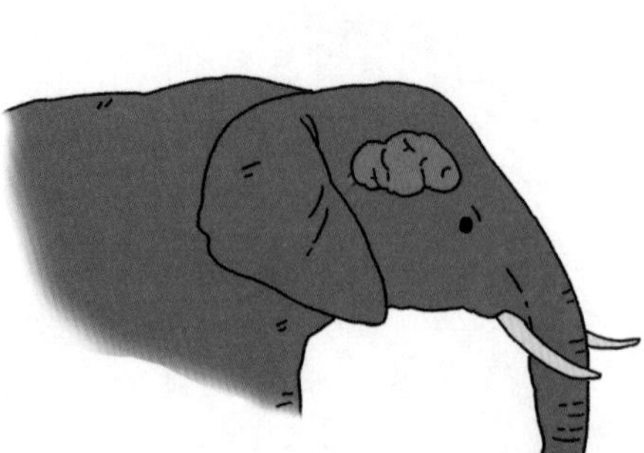

2. 謎に満ちた記憶のしくみ

記憶が脳にきざまれるとき，脳の中ではどんな変化がおきているのでしょうか。第２章では，記憶のしくみにせまっていきます。

1 記憶には，さまざまな種類がある

「短期記憶」と「長期記憶」がある

人間の記憶は，とても不思議です。今朝食べた朝食のメニューは覚えていても，1か月前の食事は忘れてしまいます。かと思えば，幼いころに食べた食事のメニューを覚えていることもあります。

一口に記憶といっても，実はさまざまな分類があります。記憶の保持時間に注目した場合，おおむね数時間程度で忘れてしまう記憶は「短期記憶」，それ以上覚えている記憶は「長期記憶」とされます。

記憶のしくみは，種類ごとにことなる

記憶の保持時間ではなく，記憶する内容による分類もあります。いつどこでといった，個人の経験にもとづく記憶は，「エピソード記憶」とよばれます。一方，いわゆる知識としての記憶は，「意味記憶」に分類されます。それから自転車の乗り方など，体の動かし方の記憶は，「手続き記憶」とよばれています。

このように記憶には，さまざまな種類があり，種類ごとにしくみはことなると考えられています。**ただいずれの記憶も，それを根底で支えているのは，脳の神経細胞です。**

記憶の種類

下のイラストは，記憶を種類ごとに分類したものです。出来事の記憶，知識としての記憶，体の動かし方の記憶では，記憶のしくみがことなると考えられています。

朝食メニュー：短期記憶，エピソード記憶
1か月前の朝食のメニューは普通忘れてしまいます。このような記憶を「短期記憶」といいます。また，出来事に関する記憶は「エピソード記憶」とよばれています。

自転車の乗り方：手続き記憶
自転車の乗り方などの体の動かし方の記憶は，数年たっても失われることがありません。このような記憶は「手続き記憶」とよばれます。

地球は丸い：意味記憶
「地球は丸い」などの知識は，本で見たり人から聞いたりして記憶されたもので，その記憶をいつどこで記憶したかは覚えていないことが多いものです。このような記憶は「意味記憶」とよばれます。

2 海馬がなくなると，記憶できなくなる

海馬は，特徴的な形をしている

記憶をつくるときに重要なはたらきをするのが，脳の内部にある「海馬」という場所です。海馬は，海馬につながる「脳弓」とともに，脳の中央部から左右に向かってらせんをえがくような，特徴的な形をしています。

海馬は，記憶の読みだしにも必要

海馬には，脳のさまざまな領域から視覚や嗅覚などの情報が集められます。そして最終的に，記憶は大脳皮質に書きこまれると考えられています

記憶における海馬の重要さを示す次のような話があります。あるてんかんの患者が，27歳のときに左右両側の「海馬」を手術で取りのぞかれました。その結果，食べた食事のメニューなど，新しく経験した出来事を記憶できなくなってしまったのです。

海馬は，記憶の読みだしにも一時的に使われています。ただし一定期間（最大で数か月程度）がすぎれば，海馬の助けがなくても，大脳皮質にある記憶を読みだせるようになります。

記憶が脳にきざまれるまで

私たちの記憶は，「大脳皮質」に保存されていると考えられています。さまざまな感覚情報が集まる「海馬」は，大脳皮質への記憶の書きこみを助けていると考えられています。

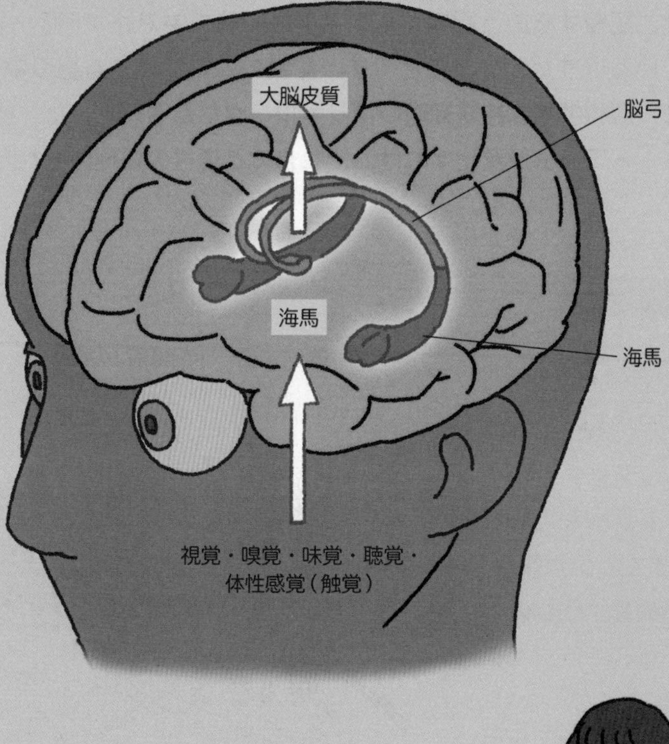

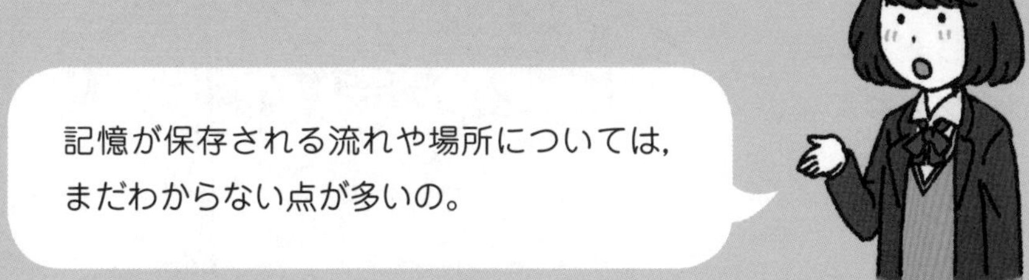

3 記憶には，神経細胞の変化が必要

記憶の際，神経細胞のネットワークが変化する

記憶するとき，脳の中で何がおきるのでしょうか。確実にいえるのは，記憶する前と記憶したあとでは，脳の中で必ず「何か」が変化しているはずだということです。**記憶の際に変化する脳の中の「何か」を，脳科学者は神経細胞のネットワークだと考えました。**神経細胞のネットワークが変化すれば，それまでと信号の処理のされ方が変わり

神経細胞のネットワーク

記憶する前と後では，ネットワークに変化がおきると考えられています。記憶後は，神経細胞どうしのつなぎ目であるシナプスが大きくなったり，新たなシナプスができたりします。また，シナプスがなくなることもあります。

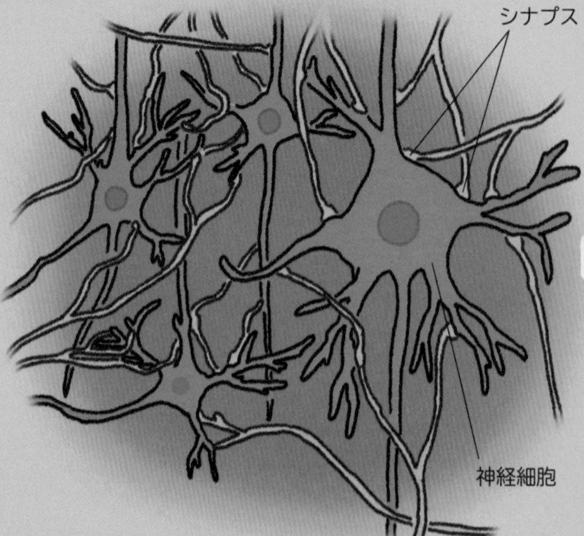

「記憶前」の脳の中

ます。この状態を維持することが，あることを記憶することだと考えたのです。

シナプスの変化が，記憶をつくるしくみの一つ

神経細胞のネットワークは，どのようにして変化するのでしょうか。神経細胞のつなぎ目であるシナプスは，大きくなって情報伝達の効率が上がったり，つながり方が変わったりすることがあります。また，新たにシナプスができたり，なくなったりすることもあります。

このようなシナプスの変化によって，神経細胞のネットワークが変わり，それが維持されることが，記憶をつくるしくみの一つだと考えられています。

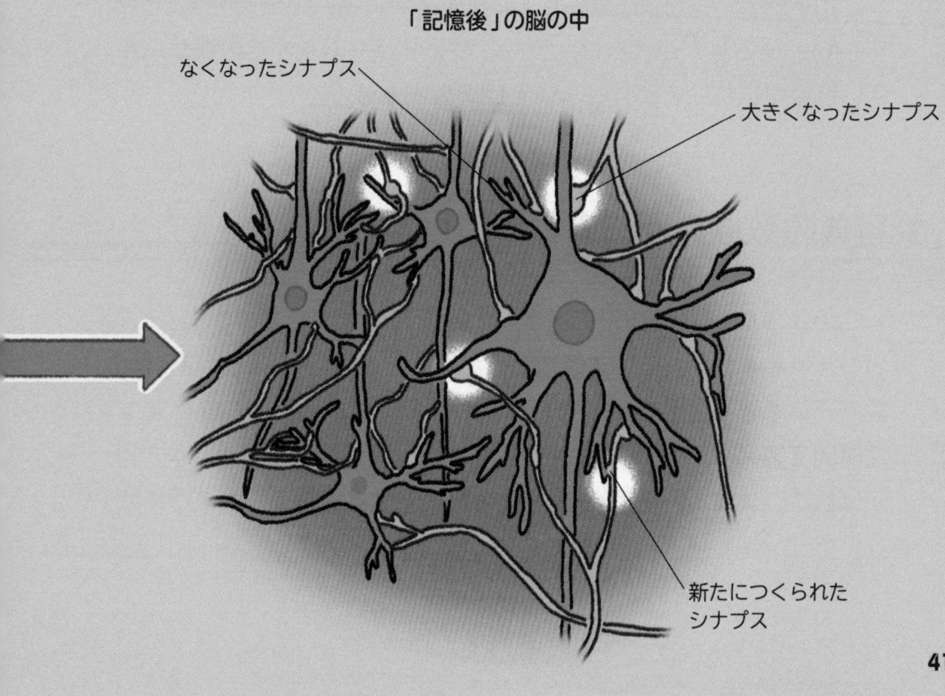

4 受容体がふえて，短期の記憶がつくられる

受容体の在庫品が新たに活動する

記憶をつくるしくみの一つは，シナプスでの信号伝達効率を上げることだと考えられています。これを「LTP（長期増強）」といいます。そのしくみを見てみましょう。

印象的な出来事を経験すると，短時間のうちにシナプスでくりかえし化学信号（神経伝達物質）が受け渡されます（右のイラスト1）。そして，受け手側の神経細胞に大量にナトリウムイオンが流れこみます（2）。すると別の入り口からカルシウムイオンが流れこみます（3）。このカルシウムイオンの流入をきっかけに，それまで使われていなかった化学信号の受信機（受容体）の在庫品が，新たに活動をはじめます（4）。受容体がふえれば，流れこむナトリウムイオンの数がふえ，強い信号が伝わります。こうしてLTPがおきます。

受容体の数は，元にもどってしまう

このようなLTPは即座におき，数時間ほどつづきます。しかし長つづきはしません。そのまま放っておくと，せっかくふえた受容体の数が元にもどってしまうからです。これで記憶は消えてしまいます。短時間で消えてしまうLTPは，とくに「E-LTP（前期長期増強）」とよばれています。E-LTPは短期記憶に相当すると考えられています。

LTPのしくみ

シナプスに連続して信号が送られると，情報の受け手側で受信機（受容体）がふえます。その結果，受け手側にたくさんのナトリウムイオンが流れるようになり，強い信号が伝わるようになります。これがLTPです。

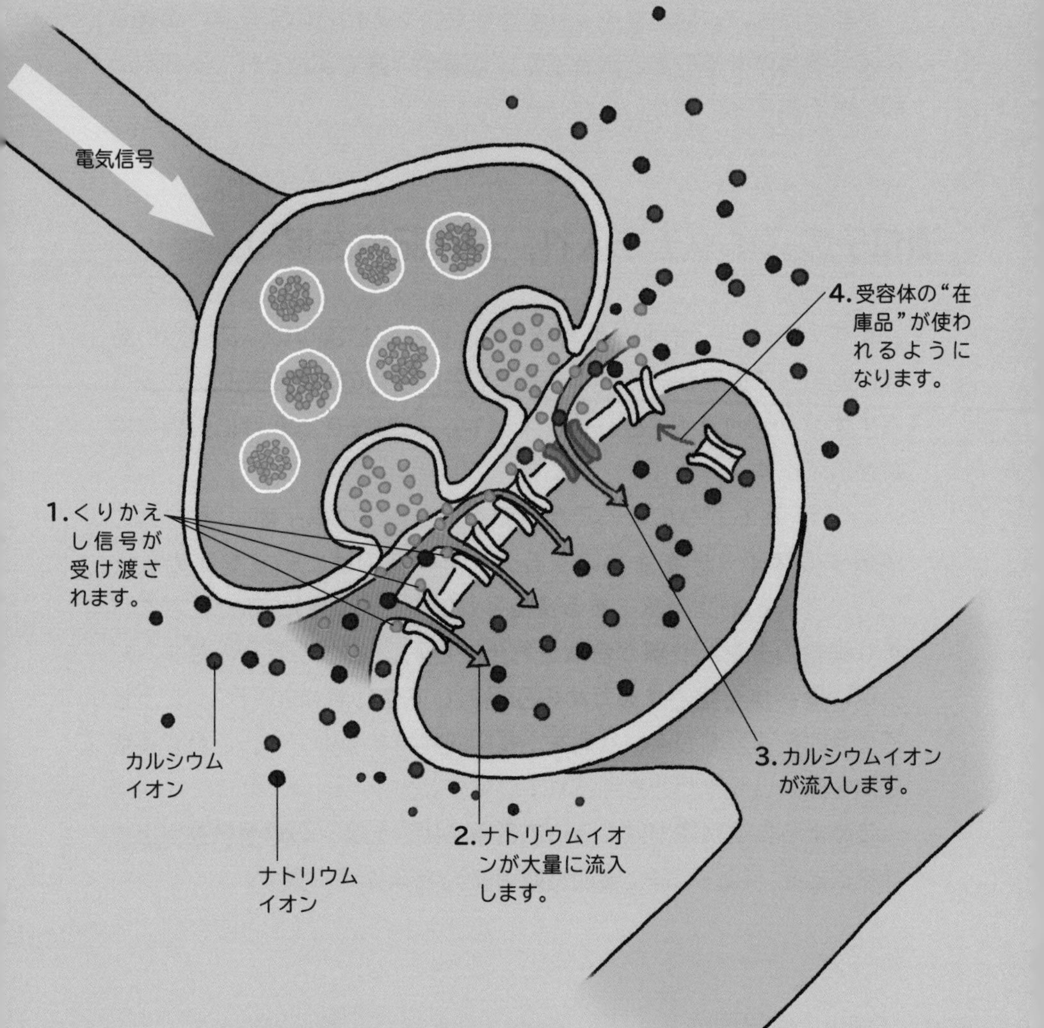

5 長期的な記憶には，遺伝子のはたらきが必要

長期記憶には，受容体を維持するしくみが必要

長期記憶は，短期記憶をより安定させたものだといえます。**つまりふえた受容体をそのまま維持するしくみが必要です。**それには細胞の核にある遺伝子のはたらきが必要になります。

遺伝子のスイッチを入れ，長期記憶を保つ

まず，E－LTP（前期長期増強）のときと同じように，ごく短い時間に連続して信号が送られることで，受け手側の神経細胞にカルシウムイオンが流れこみ（右のイラスト1），これをきっかけに受容体の数がふえます。

E－LTPとちがうのはここからです。カルシウムイオンはさらに，遺伝子のスイッチをオンにするタンパク質のはたらきを高めます（2）。すると細胞の核にある遺伝子がはたらき（3），新たにさまざまな種類のタンパク質が合成されます（4）。こうしてできたタンパク質は受容体を固定するための部品として使われます（5）。こうして信号の伝達効率がよい状態を，長期間維持するのです。これが長期記憶を保つしくみだと考えられています。

このように遺伝子がはたらいて長期的にシナプスの信号伝達がよくなることを，「L－LTP（後期長期増強）」とよんでいます。

長期記憶を保つしくみ

イラストは，E－LTP（前期長期増強）を利用してできた短期記憶が，長期記憶へと変化するようすです。新しく合成されたタンパク質を使うことで，シナプスの信号伝達効率のよい状態が維持されます。これをL－LTP（後期長期増強）といいます。

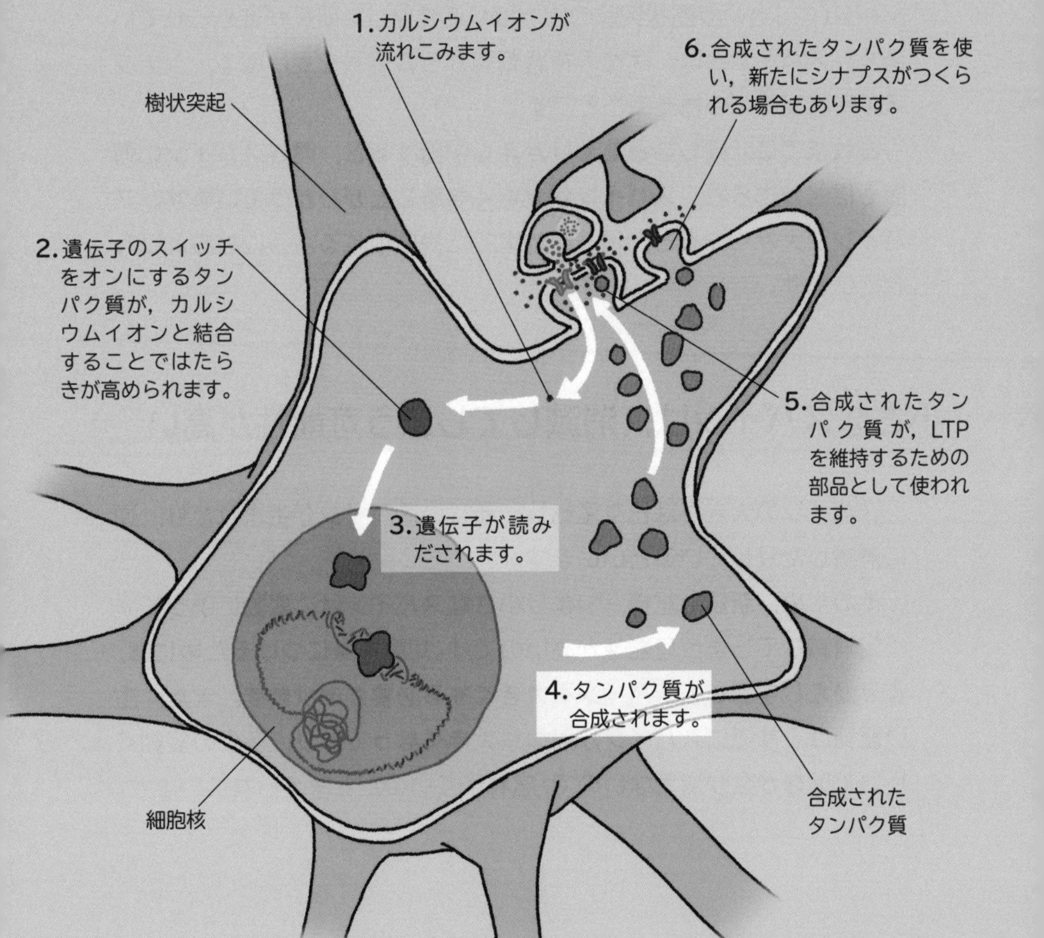

6 小さな出っぱりがふえて，記憶を形成

学習によって，神経細胞の出っぱりが大きくなる

短期記憶と長期記憶のちがいは，細胞の形にもあらわれるようです。「スパイン」という樹状突起の出っぱりに注目した研究が進められています。スパインとは，ほかの神経細胞からの信号を受け取る，シナプスの樹状突起側の構造のことです。

これまでに，同じことをくりかえし学習すると，同じスパインに何度も信号が送られ，スパインが大きくなることがわかっています。スパインが大きくなると，信号を効率的に受け取れるようになるといわれています。

小さなスパインは，消滅してしまう可能性が高い

スパインの大きさは日々変動し，新しいスパインが生まれたり，逆に消滅したりしているといいます。

そのため，新しい記憶，つまり小さなスパインは，変動によってすぐに消滅してしまう可能性が高いのです。**知識を身につけるためには，くりかえし学習してスパインを大きくする必要があります。**また，古い記憶は，すでにスパインがかなり大きくなっており，多少の変動くらいではなかなか消えないので，忘れにくいのだと考えられています。

スパインの大きさの変動

海馬の中では，スパインの大きさが刻々と変動しています。スパインの大きさの変動は，記憶の形成につながっていると考えられています。

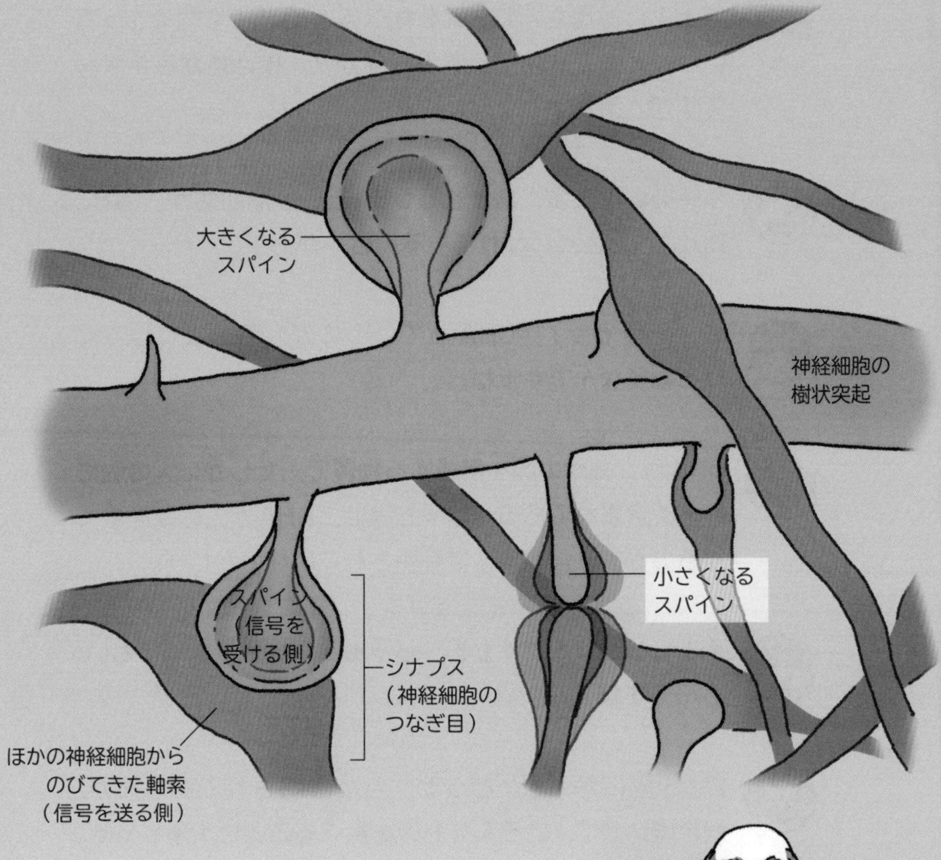

スパインが自然に消滅するのは，不要な記憶を消して，新たな記憶をたくわえる基盤をつくるのにも役立っているんじゃ！

博士！
教えて!!

魚を食べると頭はよくなる？

博士！　お母さんに「魚を食べると頭がよくなる」っていわれたんですけど，本当ですか？　僕は魚が苦手なんですが，頭がよくなるなら食べようかな。

うーむ。魚に多く含まれるDHAという脂肪酸が，「脳に効く」とはよくいわれておるんじゃが……。

あ，そうそう！　DHA っていうのが，頭をよくしてくれる物質なんですよね。

DHAは，細胞の膜を構成する物質で，たしかに人の脳にも多く含まれておる。じゃが実は，DHA が人の頭をよくするのか，まだ完全には証明されていないんじゃ。

え！　そうなんですか!?　じゃあ，魚は食べなくてもいいんですね！

魚が「脳に効く」かどうか，まだ証明されておらんが，好き嫌いせず，いろんなものを食べることは大事じゃぞ。

7 遺伝子を操作して，天才マウス誕生！

受容体をふやして天才マウスに

シナプスの信号伝達効率を上げるLTPをおこしやすくすれば，理論上，より多くのことを記憶できそうです。実際そのような実験が行われ，マウスで成功しています。アメリカ，プリンストン大学のジョ・ツェン博士らが1999 年に報告した「天才マウス」です。LTPをおこしやすくするには，シナプスで化学物質を受け取る受容体をふやすの

記憶をさまたげる「PP1」

通常，シナプスでは，スパインにある受容体のはたらきが高くなっています。しかし，PP1が過剰にはたらくと，受容体のはたらきが低くなります。神経伝達物質を受け取っても，ナトリウムイオンが流れなくなり，記憶がさまたげられます。

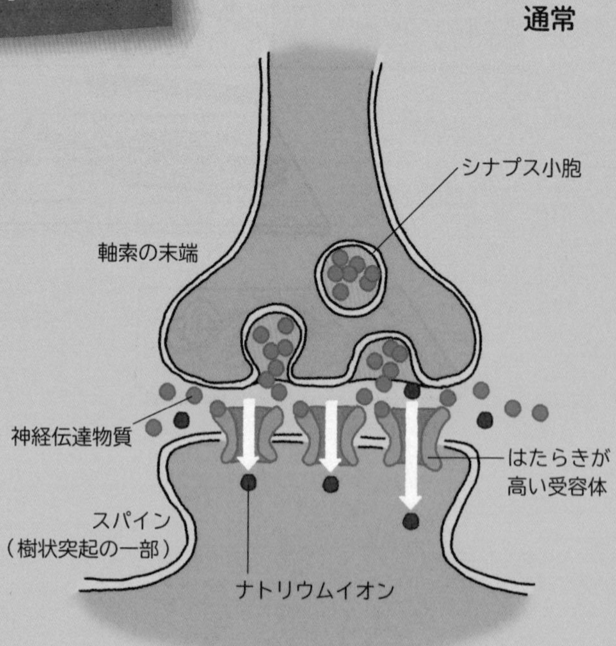

が一つの方法でしょう。実際に，受容体の一種である「NMDA受容体」をつくる遺伝子を余分に組みこむことで，「天才マウス」が誕生しました。このマウスに，ある種の迷路を覚えさせる実験を行ったところ，通常のマウスにくらべて明らかに成績がよかったのです。

記憶を忘れさせる酵素のはたらきをおさえる

一方，記憶がつくられるのをさまたげたり，できた記憶を失わせたりする「PP1」という酵素があります（下のイラスト）。スイスのイザベラ・マンスイ博士らの発表によると，PP1のはたらきをおさえる実験をマウスで行ったところ，そのマウスは記憶力が向上したといいます。とくに年をとったマウスで大きな効果がでました。

PP1がはたらきすぎると……

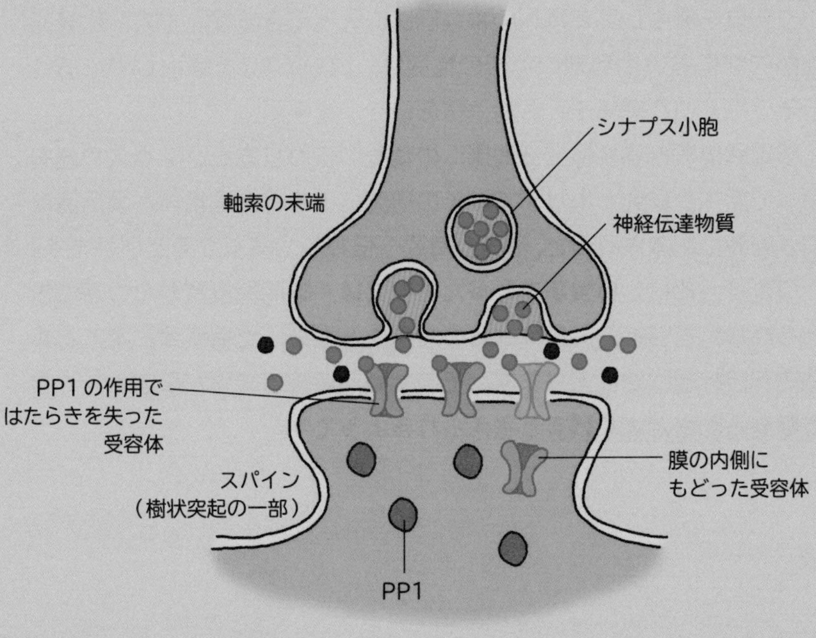

8 おいしい食事は，記憶に残りやすい

なぜ，おいしい食事は記憶に残るのか

よく覚えている出来事と，すぐに忘れてしまう出来事があります。たとえば，1週間前の昼食に食べたものは覚えていないかもしれません。**しかし，同じ1週間前の昼食でも，おいしいものやまずいものを食べていれば，覚えているかもしれません。**これは，なぜでしょうか。

おいしい食事の情報は，海馬へ伝達されやすい

食べ物のくわしい視覚情報や味覚，嗅覚情報は，「嗅周囲皮質」という部位を経由して海馬への神経回路に入ってきます。一方，比較的直感的なにおいや料理の色形の情報は，「扁桃体」を経由して，おいしそうだという感情をともなう情報になります。

嗅周囲皮質と扁桃体から海馬への情報の伝わり方を，マウスの脳を使って調べた研究があります。その研究によると，扁桃体と嗅周囲皮質が同時に刺激されると，情報が海馬へ伝わりやすくなるといいます。

つまり，おいしい食事をとったときには，嗅周囲皮質からの感情をともわない情報と，扁桃体からの感情をともなった情報が，両方とも海馬への神経回路に入ります。そのため，海馬へ情報が伝達されやすくなり，記憶がよく残ると考えられるようです。

記憶がよく残る神経回路

マウスの脳で，扁桃体と嗅周囲皮質から海馬へ情報が送られるようすをえがきました。扁桃体から送られる感情をともなった情報と，嗅周囲皮質から送られる感情をともなわない情報の両方が入力されると，海馬へ情報が伝達されやすくなります。

扁桃体から海馬へ情報が伝わる経路
扁桃体へは五感すべての情報が入ってきます。感覚情報が扁桃体を経由すると，「おいしい」や「まずい」といった感情をともなう情報に変わります。

マウスの脳

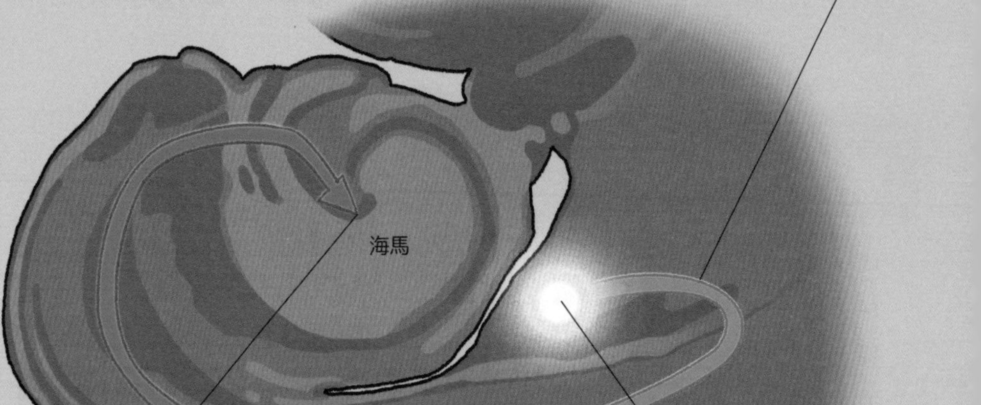

海馬へ情報が伝わる
扁桃体と嗅周囲皮質の両方の経路から感覚情報が入力されると，海馬へ情報が伝わりやすくなり，よく記憶に残ります。

嗅周囲皮質から海馬へ情報が伝わる経路
嗅周囲皮質にも五感すべての情報が入ってきます。

9 学習した直後に眠ると，記憶が定着しやすくなるかも

睡眠には，記憶の固定の役割がある

私たちの脳は，ふだんとても活発に活動しており，睡眠をとって休息させることが必要です。さらに睡眠には，重要な役割があります。それは，「記憶の固定」です。**実は，学習後すぐに眠ると，記憶の固定に効果があるという実験結果が報告されています（下のグラフ）。**また，単語を覚えるような勉強の記憶だけではなく，体の動かし方な

睡眠と記憶の固定の実験

パソコンのキーボードの数字のキーを，12分間に決められた手順でなるべくすばやく打つという課題を行ったときの成績を示したものです。いずれも，睡眠後に顕著に成績がのびています。

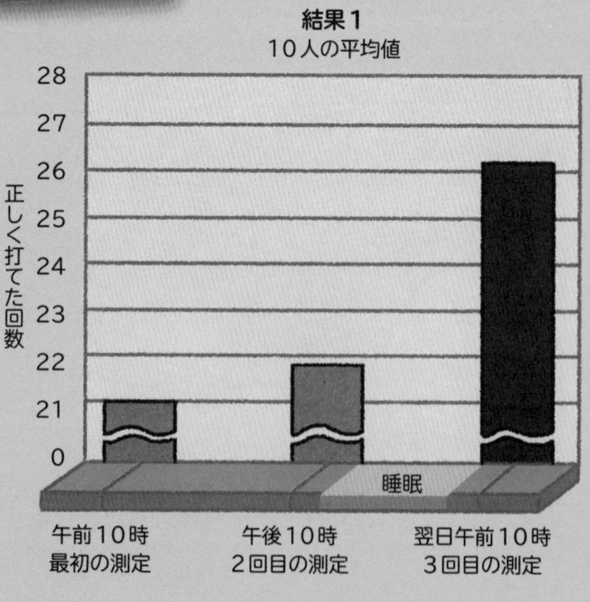

ど運動の記憶も，眠ることで記憶に残りやすくなるといいます。

記憶が新鮮なうちに眠ることが効果的

私たちはおきているかぎり，さまざまな情報を脳に入力しています。**記憶を脳にしっかり定着させたいと考えるなら，睡眠をとるタイミングも重要です。**学習後は，余分な情報を入力させず，学習で得た記憶が新鮮なうちに眠ることがとくに効果的だと考えられています。

一方，記憶の固定には，脳の眠りが浅い状態にある「レム睡眠」が重要な役割を果たすと考える研究者もいます。しかし，否定的な実験結果もあります。睡眠中の脳で記憶が固定されるしくみは，まだ十分には解明されていません。

結果２
15人の平均値

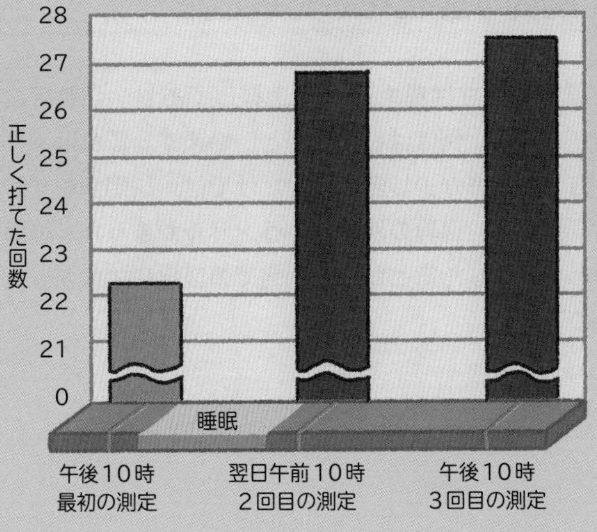

最初の測定から12時間後に２回目の測定，さらにその12時間後に３回目の測定を行いました。実験参加者が２回目の測定後に睡眠をとったのが結果１であり，最初の測定後に睡眠をとったのが結果２です。いずれも睡眠をとったあとに，成績が向上しています。

Walker et al ., 2002を改変

10 サルに学習させると脳が膨張した！

訓練によって脳に変化がおきた

筋力トレーニングによって筋肉が大きくなるように，学習によって脳も膨張する――。そんな可能性を示す研究結果が報告されました。その研究は，サルが道具の使い方を学習したときに，脳の構造にどのような変化がおきるのか，分析したものです。

研究ではまず，ニホンザルに熊手を使って遠くのえさをとる訓練をほどこしました。**そして，20日ほどで道具の使い方を習得したサルたちの脳をくわしく分析したところ，特定の部位で，脳の体積の膨張を示すと考えられる信号が検出されたのです※。**

道具の使用が，劇的な変化をもたらした

ある個体では，信号の強さは最大で17％上昇しており，これほど短期間に急な上昇がみられた例ははじめてだといいます。これは，神経細胞のつながり方や大きさが少し変化しただけでは，説明がむずかしいほどの劇的な変化です。**道具の使用という，サルがまったく経験したことのないことを学習したことが，短期間での変化につながったと考えられているのです。**

※ 出典：Quallo et al., Proc. Natl. Acad. Sci. USA，106:18379-84，2009

サルの脳にあらわれた変化

道具の使い方を学習した前後で，ニホンザルの大脳皮質の3か所に，構造の変化を示す信号が検出されました。これらの部位は，視覚や触覚などの感覚情報をまとめ，行動を制御する部位です。

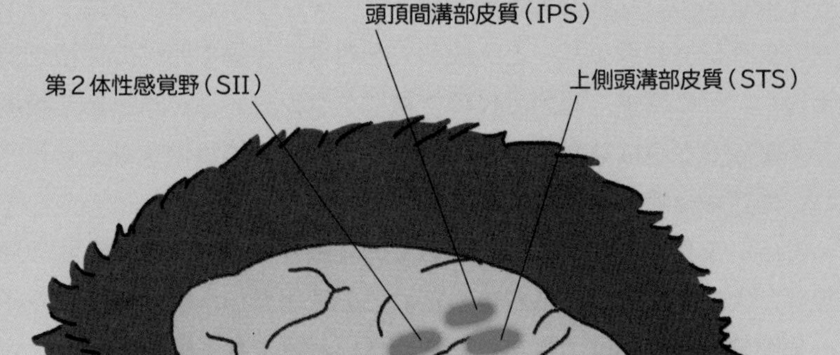

変化が見られたサルの脳の部位は，ヒトが進化する過程でとくに発達させた部位なんだバウ。

11 海馬の一部が大きいタクシードライバー

記憶することで，海馬の一部が大きくなった

イギリスのロンドン大学のエレノア・マグワイア博士らは，ロンドンのタクシードライバーと一般の人を対象に，脳の海馬の体積を調べました。**その結果，海馬全体の体積はタクシードライバーと一般の人であまりちがいはなかったものの，海馬後部の体積はタクシードライバーの方が一般の人よりも大きいことがわかりました。**

さらにタクシードライバーとしての経験が長い人ほど，右脳の海馬後部が大きい傾向がみられました。このことから，タクシードライバーの脳の海馬後部は，生まれつき大きいわけでなく，たくさんの場所情報を記憶することで，大きくなっていったと考えられます。

海馬の後部が大きく，前部は小さい

一方，タクシードライバーの脳の海馬前部は，一般の人よりも小さく，タクシードライバーとしての経験が長い人ほど小さい傾向がみられました。**このことから，タクシードライバーの脳では，たんに海馬後部が大きくなるだけでなく，海馬内部で神経細胞の分布が変わっているのではないかとマグワイア博士は考えています。**

海馬が部分的に大きくなる

イラストは，海馬の断面図です。グラフは，ロンドンのタクシードライバーと一般人で，右脳の海馬の大きさを比較したものです。

海馬の拡大断面図（ヒト）

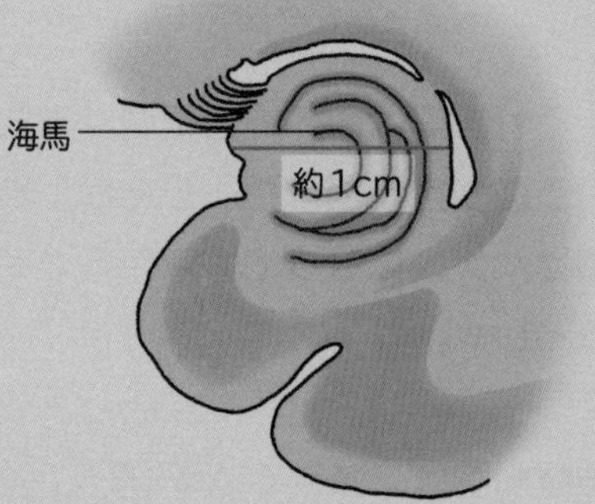

ロンドンのタクシードライバーと一般人の，右脳の海馬の大きさの比較

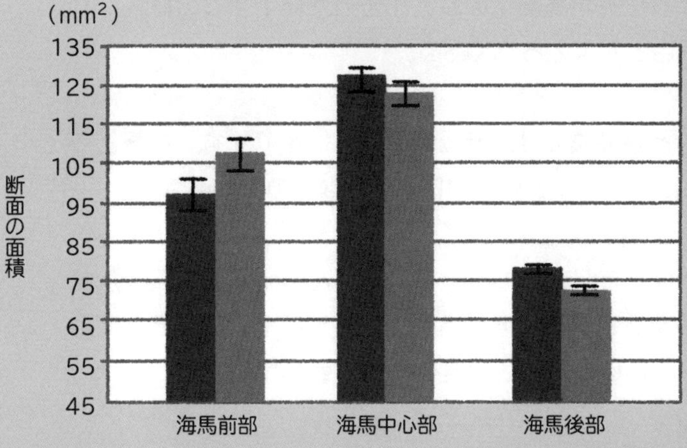

タクシードライバーでは海馬後部および海馬中心部が一般の人より大きく，反対に海馬前部は小さい傾向がみられました。

博士！
教えて!!

脳の神経細胞はふえないの？

博士！　脳の神経細胞は毎日10万個も死ぬって聞きました。こんなに死んだら，いつかなくなる気がして……。

うむ。これまでは脳の神経細胞は年齢とともに減っていくというのが定説だった。じゃが，最近，脳の一部の神経細胞は，大人になってもふえるかもしれないといわれているんじゃ。

脳の神経細胞は，減っていく一方じゃないんですね。

まだ，確かな結論は出ていないんじゃ。それに年齢が高くなると，神経どうしのつながりや血管の数は少なくなるようじゃ。高齢になると認知力が低下するのは，これが理由とも考えられておる。

年齢と脳の衰えは，無関係ではないんですね。神経どうしのつながりや血管の数はふやせないのでしょうか。

まだはっきりとはわかっていないんじゃが，脳の血流を改善するとよいと考えられているんじゃ。だから，運動や食事といった生活習慣を大事にするとよいぞ。

医学の祖　ヒポクラテス

医学の祖といわれるヒポクラテス
医術を迷信や呪術から切りはなし科学として発展させた
今からおよそ2500年前の古代ギリシャ時代
コス島
ヒポクラテスは現在のトルコの近くにあるコス島という小さな島に生まれた
代々医術をほどこす家系に生まれ
どんな相手も分けへだてなく治療した
医療にはじめて科学を取り入れて症状や治療を記録した
ヒポクラテス全集
そして現代医学につながる世界最古の医学書を後世に残した

脳についての重大発見

ヒポクラテスのもとには何人もの若者が弟子入りした
ヒポクラテスは大きなプラタナスの木の下で医学や自然科学を教えた
それでも彼の頭の中はいつも疑問でいっぱいだった
ヒポクラテスはエジプトやアテネなど各地をまわり医学を学びつづけた
今ではあたりまえの血液やリンパ液は当時はまだ発見されていなかった
ヒポクラテスは四つの体液がほどよく調和しているときは健康でいられると説いた
ヒポクラテスは脳について重大な考えを示した
当時、心臓で行われると考えられていた思考や精神活動が脳で行われるととなえたのである

3. 感情は脳で生まれる

うれしい，悲しい，恐い，怒りといった感情は，脳で生まれています。第３章では，脳のどこで感情がつくられるのかを探っていきましょう。

1 恐怖の感情を読み取るのに扁桃体が影響している

恐怖の表情を読み取れない人がいる

人の表情には，さまざまな感情があらわれます。

世界には，人の「恐怖」の表情を読み取ることのできない人がいます。 それは，左右の脳に一つずつある「扁桃体」がはたらかなくなってしまう「ウルバッハ・ビーテ病」の患者です。ウルバッハ・ビーテ病はとてもめずらしい病気で，これまでに400例ほどしか報告されていません。

最もよく知られているウルバッハ・ビーテ病の患者は，1994年に報告された女性（当時30歳前後）で，そのコードネームを「SM」といいます。SM氏は，恐怖を感じることがむずかしいため，危険を察知できず，社会生活に困難をかかえていたといいます。たとえば，街中などでナイフを突きつけられたことが少なくとも2度あり，銃を突きつけられたことも2度あるそうです。

扁桃体を損傷しても，一般的な知能は変わらない

SM氏を含む，扁桃体を損傷した患者らについての研究の結果，両側の扁桃体を損傷した人は，他人の恐怖の表情から恐怖を読み取れないことがわかりました。 一方で，恐怖以外の表情を読み取ることはでき，一般的な知能や言語能力は損傷のない場合と変わりませんでした。

感情に影響する扁桃体

感情の動きに深くかかわるのが，脳の「扁桃体」です。記憶をつくる中枢である海馬の前方にあります。扁桃体はとくに，恐怖や怒りといった不快な感情に，より大きく影響するといわれています。

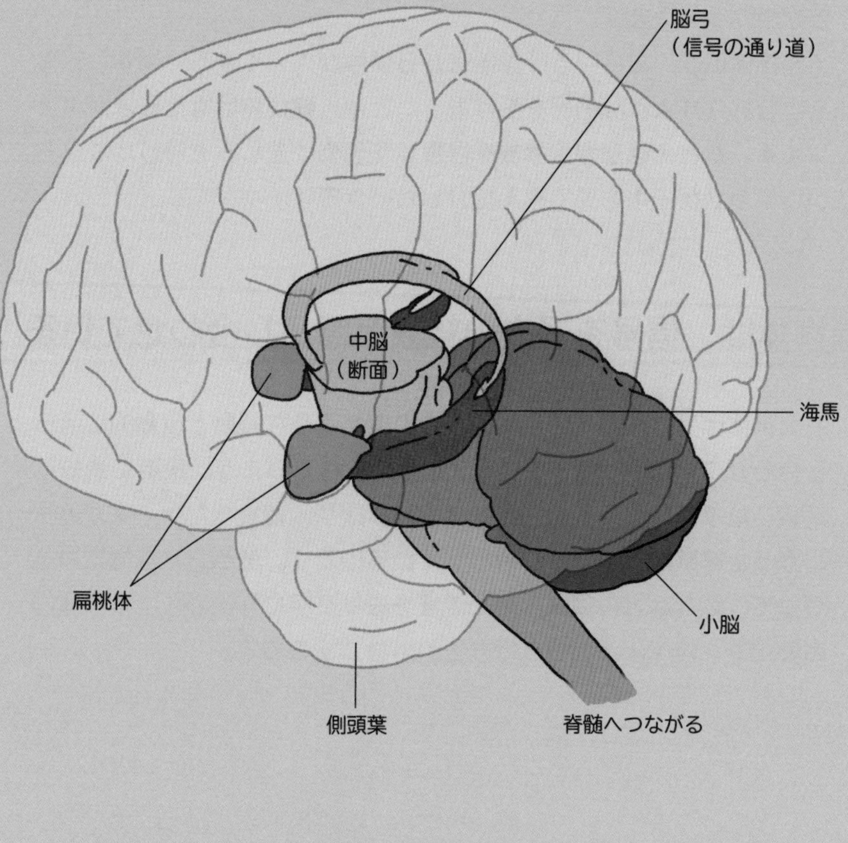

2 扁桃体は，さまざまな感情に反応する

恐怖だけに反応すると考えられていた

動物実験の結果から，当初，扁桃体は恐怖だけに反応すると考えられていました。しかし今では，扁桃体はいろいろな感情に反応することがわかっています。

扁桃体には，あらゆる感覚器官から信号が入ってきています。感情をよびおこすような信号を受け取ったとき，扁桃体ははたらきが高まります。たとえば悲惨な事故を目撃して恐怖や悲しみを感じたり，おいしそうなケーキを見て喜んだりしたときです。

扁桃体は，信号を過去の経験と照らし合わせている

扁桃体は受け取った信号を，過去の似たような経験と自動的に照らし合わせている（評価している）と考えられています。実際に過去に経験した事故はもちろん，見聞きした事故や，昔食べたケーキが美味しかった経験などと照らし合わせているのです。そうした評価にもとづいて，脳幹などの領域へ電気信号を送り，手に汗をかくような体内の変化や，食べようという行動を引きおこすのです。

扁桃体の神経回路

扁桃体は，大脳の奥深くにあり，神経細胞が密集している場所です。感情をよびおこすような信号が入るとはたらきが高まり，複数の経路を通じて過去の経験と照らし合わせます。その後，行動や体内の変化が引きおこされると考えられています。

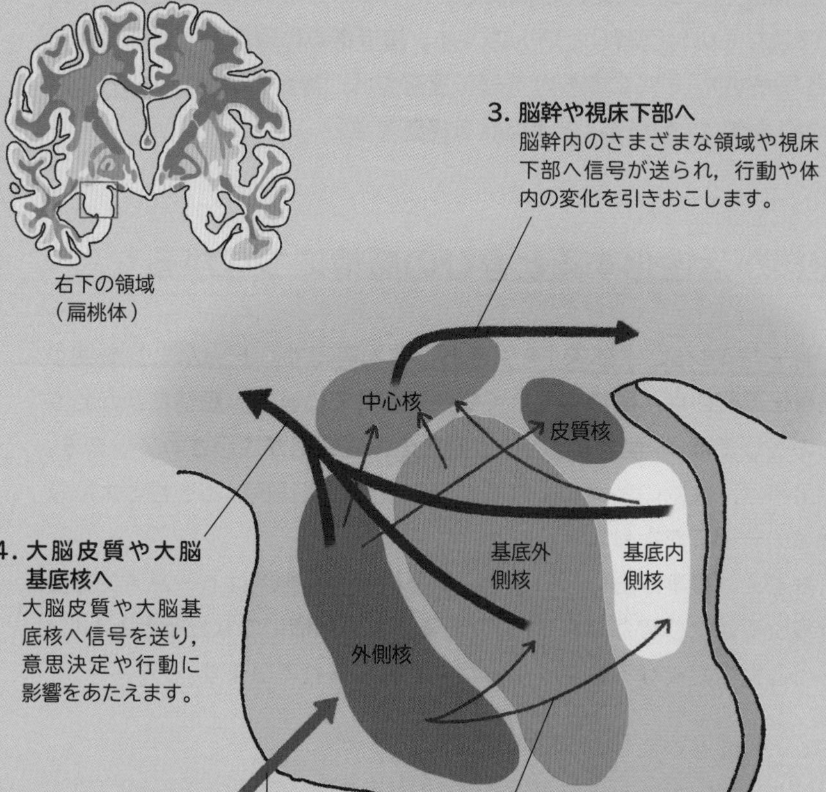

3 喜びや楽しさは，脳の側坐核でつくられる

接近や回避をうながす信号伝達経路

生物は生きるために，快感情をもたらすものには接近したくて，逆に不快なものは回避したいものです。**接近あるいは回避を動機づける（うながす），とくに重要な信号伝達経路は，神経伝達物質の「ドーパミン」を使う「報酬系」とよばれる経路です。**

側坐核が活性化すると喜びの感情につながる

ドーパミンは，「欲求」を引きおこす物質です。**ドーパミンを使う信号伝達経路は，脳の中でいくつか知られています。感情にかかわるものとしては，「側坐核」という部分の神経細胞が注目されています。**側坐核は，大脳の奥深くに位置する，被殻と尾状核などを含む大脳基底核の一部にあたります。

たとえば食事がおいしいとき，側坐核の神経細胞はドーパミンを受け取ってはたらきが高まり，喜びや楽しさの感情につながるとともに，もっと食べたくなる欲求を生みだすと考えられています。

側坐核が活性化するしくみ

中脳の神経細胞から放出されたドーパミンが，側坐核の神経細胞にある受容体に結合すると，即座核の神経細胞のはたらきが高まり，喜びや楽しさがもたらされます。

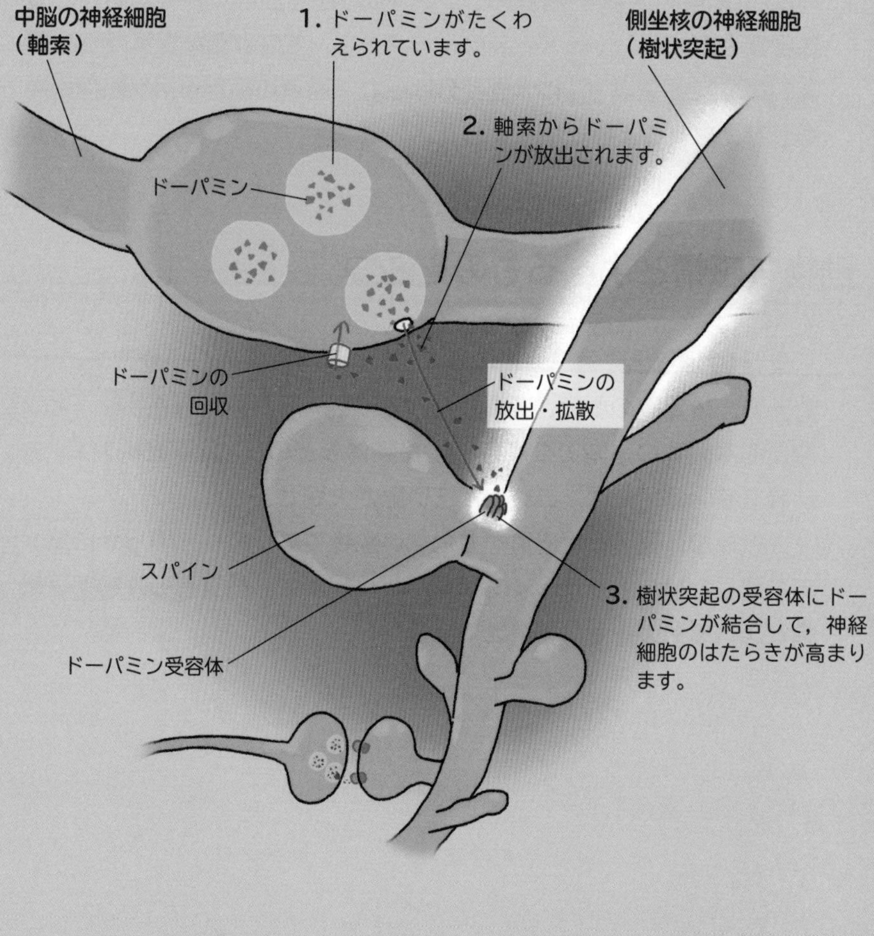

4 感情には，古い脳が欠かせない

「皮質」と「皮質下」の相互作用が感情を生む

20世紀前半，感情を生みだしていると考えられる神経回路が，複数提案されました（右ページのイラスト）。**そのような提案から，脳は「皮質」と「皮質下」に大きく分けられ，両者の相互作用が感情を生むと考えられるようになりました。**

動物も感情とよべるものをもつ

皮質（大脳皮質）は，進化の過程で最近発達した新しい脳です。

一方，皮質下の脳である扁桃体などを含む「大脳辺縁系」と，より原始的な動物の段階でつくられた線条体などの「大脳基底核」は，古い脳です。感情には，こうした古い脳が欠かせません。

人以外の，発達した皮質をもたない動物であっても，明らかに怒って攻撃したり，おそろしくてすくんだりします。**研究者も，動物は感情とよべるものをもつと考えています。**

感情を生む二つの神経回路

20世紀前半に提唱された「パペッツ回路」と「ヤコブレフーナウタ回路」。この二つの神経回路が，感情や記憶にかかわっていると考えられています。

パペッツ回路
アメリカの神経解剖学者ジェームス・パペッツ（1883 ～ 1958）によって，感情を生みだす神経回路として1939年に提唱されました。現在では，感情に根づいた記憶にかかわると考えられています。

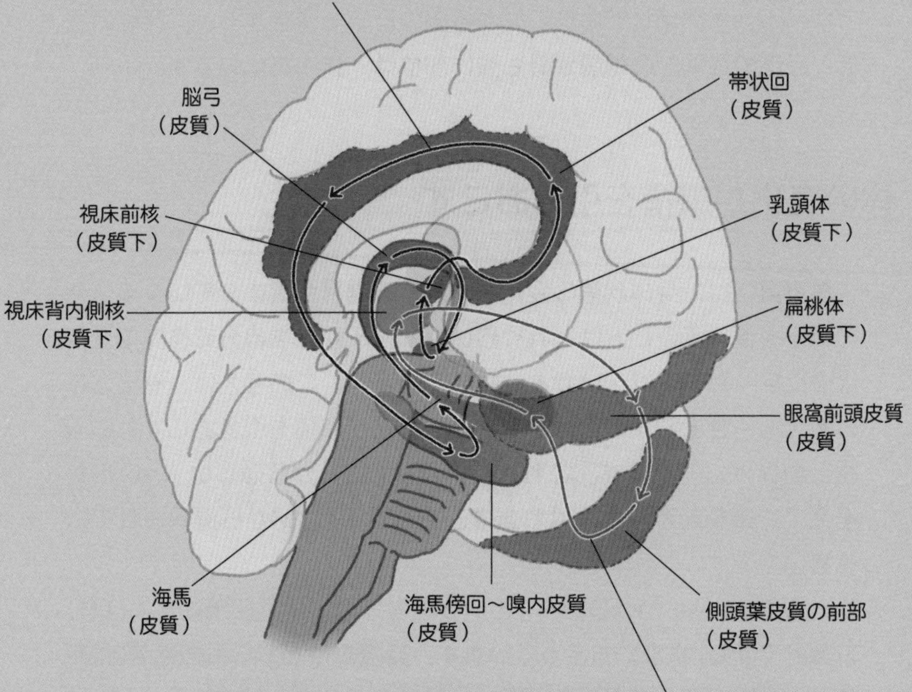

ヤコブレフーナウタ回路
ロシア生まれの医者ポール・ヤコブレフ（1894 ～ 1983）が1948年に提唱し，のちにアメリカの神経解剖学者ウォーリー・ナウタ（1916 ～ 1994）がつながりを明らかにしたといわれる，感情にかかわる神経回路。ただし現在では，構成要素の多くにおいて，一方向ではなく双方向に信号が送られているなど，当時の回路から修正されています。

5 泣くことで悲しい感情が生まれる

感情の自覚にかかわる部位

私たちは，うれしいときや悲しいときに，その感情を自覚することができます。**感情の自覚（主観的体験）にかかわる部位として，側頭葉の奥にある「島皮質」という部位が注目されています。**写真を見せて快，不快を評価してもらいながら脳の反応を測定すると，評価の高低と反応の強弱との相関が最も強い部位は，島皮質なのです。

体の変化が感情を引きおこす

島皮質には，身体状態の変化を知らせる信号が集まっています。その信号を使って，ヒトはどれくらい快か，不快かを自分で自覚できるようになったのではないかといわれています。この考えは，感情が体の変化を引きおこすのとは逆で，体の変化が感情を引きおこすという説とつながっています。これは，いわば「泣くから悲しい」といった考えで，末梢起源説とよばれます。古くは17世紀から提唱されている考え方です。

一方で，「悲しいから泣く」といった考えは，中枢起源説とよばれ，常識的ですし，直感にも合っています。**実際にはどちらもおきており，これらをたし合わせたものが正しいと考えられています。**

身体と感情を結ぶ三つの領域

脳の「前部帯状回」「体性感覚野」そして「島皮質」には，臓器の状態やホルモンバランスなどの情報が集まってきます。こうした体の変化を自覚して，感情と結びつけているのではないかと考えられています。

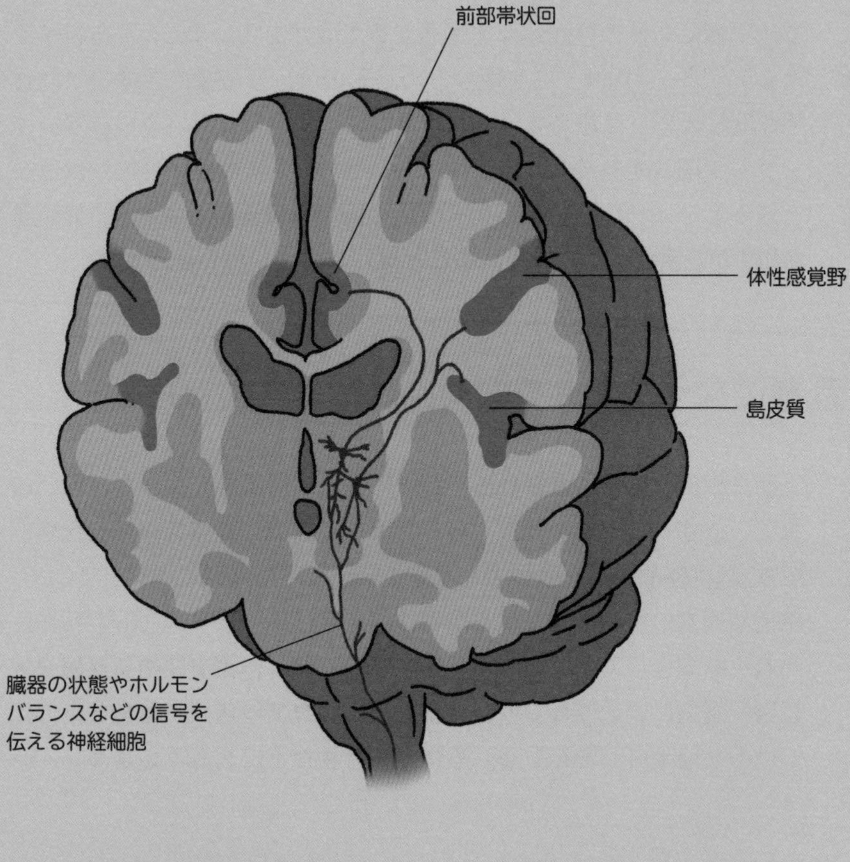

6 鉄の棒が脳に刺さって，乱暴になったゲージ氏

脳の損傷によって性格が変わった

1848年9月13日，アメリカの鉄道工事に従事していた25歳の青年フィニアス・ゲージ氏（1823～1960）は，作業中の事故によって，不運にも鉄の棒が頭部を貫通する大けがを負いました（右のイラスト）。ゲージ氏は一命を取りとめたものの，事故後，温厚だった性格が同じ人物とは思えないほど乱暴になったと伝えられています。

ゲージ氏の症例自体は，年代が古いために，くわしい報告がほとんど残っていません。**しかしゲージ氏の脳の損傷部位とされる「前頭連合野」が感情にかかわっていることは，まちがいないようです。**

乱暴になっただけでなく，計画性も失った

ゲージ氏は，性格が変わっただけでなく，計画性を失ったともいわれています。前頭連合野は，ヒトで大きく発達した脳の領域の代表例です。扁桃体や海馬をはじめとする大脳皮質下の領域に連絡していて，感情や過去の経験にかかわる情報などを受け取ります。前頭連合野は，それらを統合して何を行うか判断するのです。**計画を決める意思決定には，感情による重みづけが必要だといわれています。**私たちは何につけても感情を必要とする，感情の生き物だといえるでしょう。

ゲージ氏の脳の損傷

火薬の爆発によって吹き飛んだ鉄の棒が，ゲージ氏の左のほほから額の上へ貫通しました。このけがによって脳の前頭連合野を損傷しました。前頭連合野は脳の前方にあり，感情と，それにもとづく意思決定にかかわっていると考えられています。

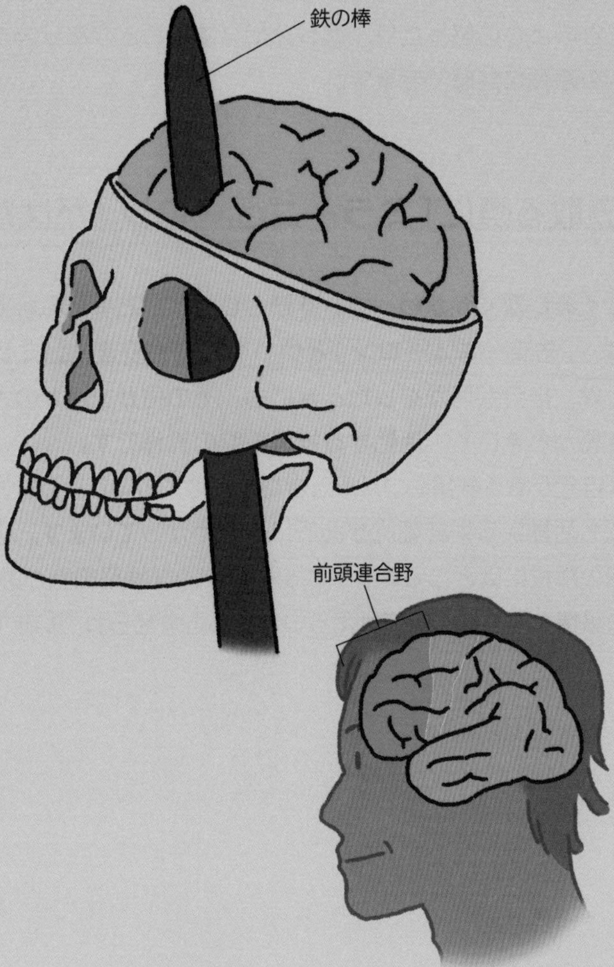

7 他人への共感にかかわるミラーニューロン

感情を自覚するだけでなく，共感できる

私たちは，感情を自覚するだけでなく，ほかのだれかにおきた出来事をわがことのように怒ったり，悲しんだりすることがあります。**つまり，他人の感情に共感できます。**

感情を読み取る際に「ミラーニューロン」がはたらく

共感のしくみに深くかかわっているかもしれないと考えられている神経細胞に，「ミラーニューロン」というものがあります。ミラーニューロンとは，自分が何かをしたときにも，その何かをほかの人がしているのを見たときにも，活動する神経細胞の総称です。

たとえば自分がある表情をつくるときにも，他人の同じような表情を見るときにも活動する神経細胞があることがわかっています。感情にかかわる脳の部位にはどこもミラーニューロン的な神経細胞があって，ほかの人の感情を読み取る際にはたらいていると考えられています。

ミラーニューロン

1996年にサルを使った実験で偶然，ミラーニューロンがみつかりました。その後，ミラーニューロンはヒトにもあることが確認されました。ミラーニューロンは，自分が動作したときにも，ほかの人の同じ動作を見たときにも反応します。

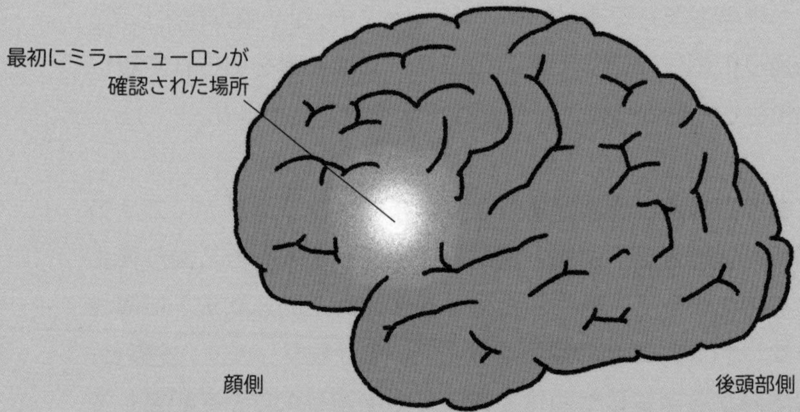

カップを持ち上げる人

「カップを持ち上げる人」を見ている人

ミラーニューロンは，たとえば自分がカップに手をのばして持ち上げるときに反応し，さらに，ほかのだれかがカップに手をのばして持ち上げる場面を見ただけでも反応します。

プラナリアの記憶

プラナリアは，死んだ魚の肉などを食べる生き物で，日本の川や池にも生息しています。プラナリアの特徴は，おどろくべき再生能力です。体を二つに切っても，目や脳が再生して，元通りの個体が二つできるのです。では，頭を切られて新しく再生した脳からは，記憶がなくなるのでしょうか。

ある興味深い実験があります。まず，プラナリアにエサの場所を学習させ，頭側と尻尾側で切断します。そこから再生するのをまって，再生した個体を学習時と同じ状況下に置きます。そして，エサの場所を覚えているか観察します。**すると，尻尾側から再生した個体であっても学習したことを記憶していました。**ここから，プラナリアは脳以外の場所にも記憶をもっているようです。

では，尻尾側の個体の一体どこに，学習した記憶があるのでしょうか？　**これについては，まだわかっていません。**ただ，抹消神経や，体の再生にかかわる「幹細胞」という細胞が，記憶の保持に関係しているのではないかと考えられています。

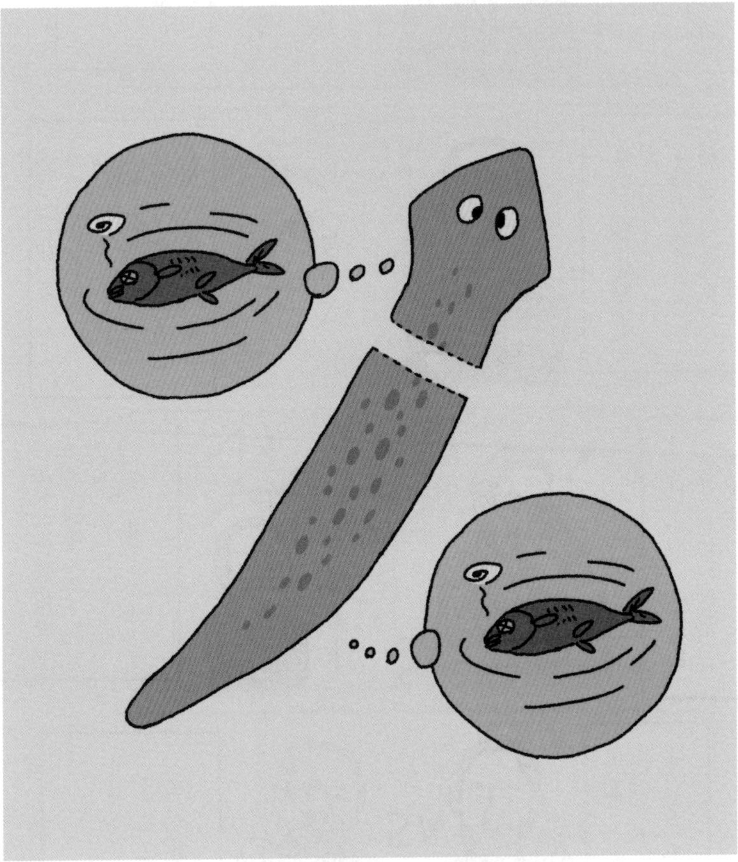

ゴルジとカハール

1843年 イタリアに生まれたカミロ・ゴルジ。内科医・神経学者となった
細胞小器官の一つ「ゴルジ体」を発見した人物でもある
のちにゴルジのライバルとなるラモニ・カハール。1852年にスペインで外科医の長男として生まれた
軍医を経て組織学者となった。父親の影響もあり解剖学に没頭した
ゴルジは神経細胞を染めて観察しやすくすることに成功した。「ゴルジ染色」である
カハールはゴルジ染色を使って神経細胞の詳細な観察を行った
1906年 ゴルジとカハールはともにノーベル医学・生理学賞を受賞した
網状説
VS
ニューロン説
ただ この2人の説は正反対のものだった

数十年間の大論争

ゴルジは神経細胞どうしが直接つながっていると考えた
ゴホン
網状説
一方カハールはそれぞれの細胞は独立していて直接つながっていないと考えた
丹念に観察した結果ですから
ニューロン説
この論争は数十年間つづき、なかなか決着がつかなかった
直接つながっておる!
ニューロン説VS網状説
いや直接はつながっていない!
その後1932年に発明された電子顕微鏡によってニューロン説の正しさが確かめられた
Winner
長かったなぁ

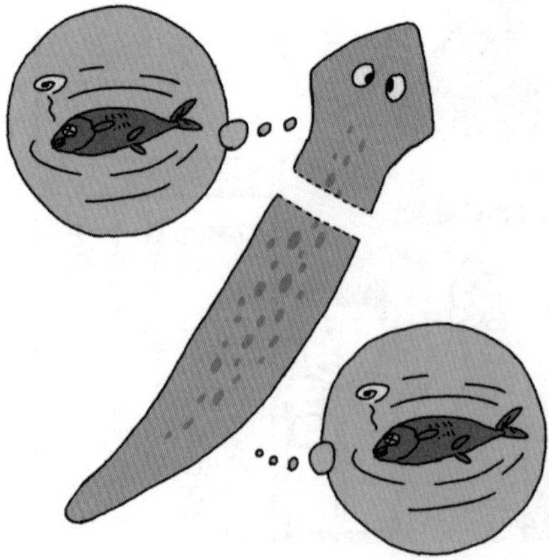

4. 体の動きも脳しだい

歩いたり，走ったり，静止したり，運動選手のたくみな動きも，すべて脳から出る運動の指令がなくてはできません。第４章では，さまざまな運動能力に，脳がどのように関係しているか，みていきましょう。

1 超一流サッカー選手の脳は，活発にはたらいている

運動に関係する脳の領域が多岐に活動している

プロのサッカー選手であるブラジルのネイマール選手は，たくみなドリブルで次々と相手選手を抜き去ります。ネイマール選手を含む7人の被験者に，フェイント動作で相手選手を抜き去ることをイメージしてもらいながら，脳の活動を測定しました。**すると，ネイマール選手の脳では，運動に関係する領域が多岐にわたって活動していました（右上のイラスト）。**一方，別のプロサッカー選手の場合，ネイマール選手ほどの活動はみられませんでした（右下のイラスト）。

ネイマール選手の脳は，さまざまなフェイント動作の運動プログラムをもっているようです。それらを状況に合わせて選択したり切りかえたりしながら準備して，具現化する能力が高いと考えられます。

脳が効率的にはたらいている

また，フェイント動作のイメージとは別に，足首を実際にまわしてもらいながら，運動の指令を送る神経細胞が分布する大脳の領域（第一次運動野）の活動も測定しました。**その結果，ネイマール選手の該当領域の活動は，目立って小さいことがわかりました。**ネイマール選手が実際に運動をする際には，脳が効率的にはたらいており，それが無駄のない正確な体の運動につながっているようです。

超一流選手の脳活動

ドリブルで相手を抜き去ることをイメージしたときの脳活動です。超一流選手と別の選手では明らかなちがいがみられます。運動のプログラムを記憶から取りだして実行につなげたり，動作を選択する領域などが強く活動しています。

ネイマール選手の脳活動

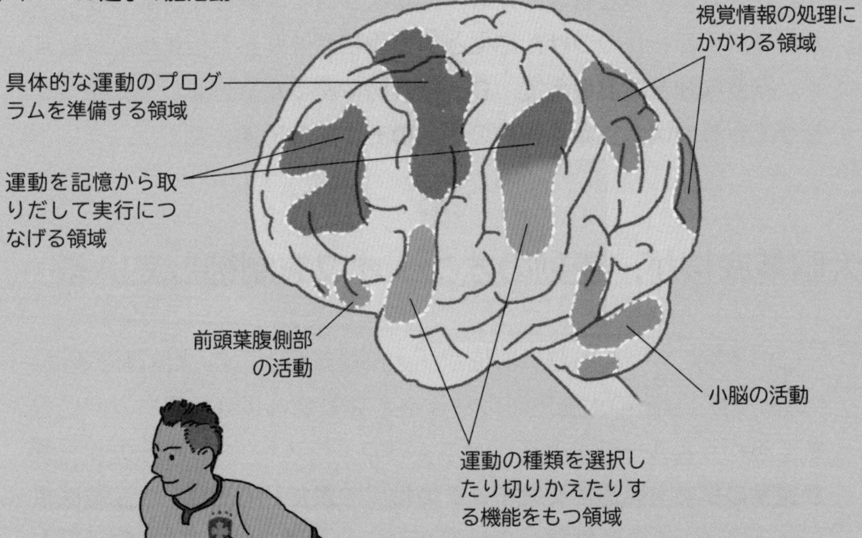

別の選手の脳活動

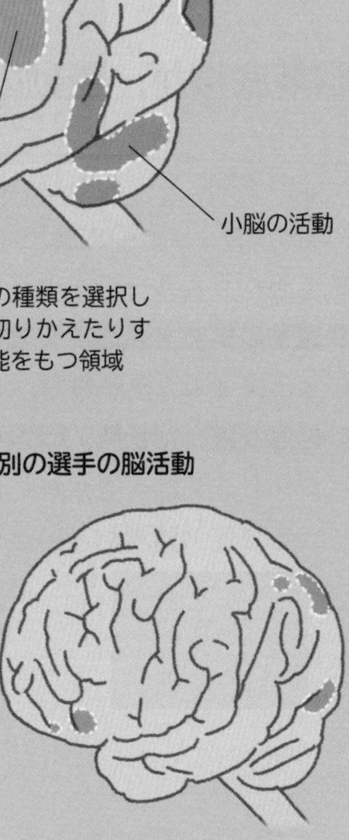

2 大脳基底核の異常で，気をつけができなくなる

姿勢を保つことは，運動機能の一つ

脳の障害が原因でおきる，「ジストニア」という運動障害があります。ジストニアの患者は，体の一部をよじらせる動きが止まらなくなったり，よじらせつづけた結果として骨格がゆがんでしまったりします。**不要な動きをおさえて，立った姿勢や座った姿勢をじっと保つことができるのは，立派な運動の機能の一つなのです。**

大脳基底核が，運動のオン・オフを制御している

この機能にかかわる脳の部位が，「大脳基底核」です。大脳基底核は，「運動領野」などの大脳皮質のさまざまな領域と接続しており，信号をぐるぐるとループさせています（右のイラスト）。**これらのループが運動の指令を発信するスイッチの役目を果たしており，大脳基底核によってオン（運動領野への信号がふえた状態）やオフ（運動領野への信号が減った状態）が制御されていると考えられています。**

ジストニアは，置かれた状況において不要な運動のスイッチをオフにする機能の異常だということができます。

大脳基底核の回路

大脳基底核は，「尾状核」「被殻」「淡蒼球」「黒質」「視床下核」からなります。大脳基底核と視床，運動領野（大脳皮質）で信号を伝達する回路が，運動の開始や停止にかかわると考えられています。

大脳半球の断面

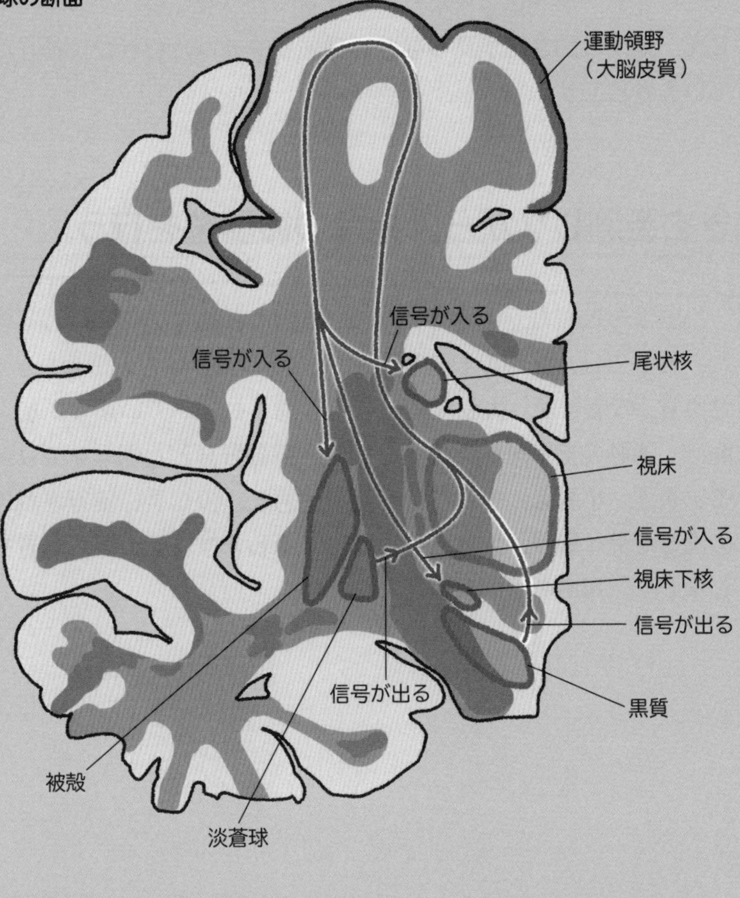

3 バッティングの微調整は，小脳が行う

小脳に障害があると，指で鼻の先をさせない

動きの微調整を行うのは，小脳の役目だといわれています。小脳に障害があると，たとえば，人さし指で鼻の先をさすという動きをしようとしても，指がふるえたり，さす場所がずれたりしてうまくできません。指先の動きを予測しながら微調整するはたらきが，そこなわれているからです。

動きを予測しながら，指令の微調整を行う

小脳はもともと，平衡感覚をつかさどる部位として進化してきました。ヒトでは，筋肉の収縮や関節の曲げのばしなどの情報を含む「体性感覚」の信号が，大脳だけでなく小脳へも届いています。加えて小脳は，運動の指令を送る大脳の第一次運動野などと信号をやりとりしています。小脳は，少し前の感覚の信号と，少し後に実行される指令の両方を受け取り，大脳へ信号を送り返します。その際，動きを予測しながら，指令の微調整を行うのです。

小脳の役割

小脳は，運動の指令の情報を大脳皮質から，体性感覚の情報を全身から，それぞれ受け取っています。こうした信号のやり取りの中で，小脳は予測的に動きの微調整を行っています。

小脳の断面

小脳を左右に２等分した断面。小脳も大脳のようにしわをもち，表面側の小脳皮質（灰白質）と内側の髄質（白質）に分かれています。

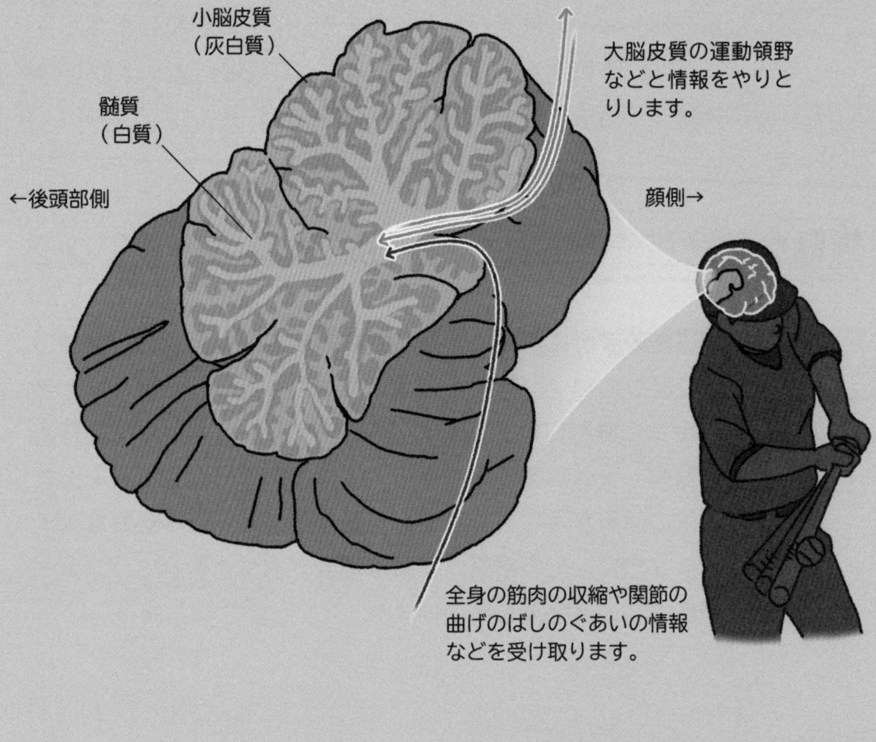

4 凡打を重ねて，脳は学習する

神経細胞の大半は小脳にある

小脳の体積は，脳全体の10%にすぎません。**しかし，脳の神経細胞の大半は，小脳にあるといわれています。**大脳皮質にある神経細胞は，200億程度だとされています。一方，小脳にある神経細胞は，700億とも1000億とも見積もられているのです。そのほとんどは，小さな「顆粒細胞」という神経細胞です。顆粒細胞には，大脳皮質を出発した運動指令などの信号が伝えられます。そして顆粒細胞は，「平行線維」とよばれる軸索を通じて，「プルキンエ細胞」という別の神経細胞に接続して信号を送っています（右のイラスト1）。

無駄な信号がそぎおとされ，動きがスムーズになる

小脳は，運動の学習に重要なはたらきをします。たとえば，野球のバッターが空振りしたり，芯でとらえられなかったりしたようなときです。プルキンエ細胞には，脳幹の一部（下オリーブ核）の神経細胞から，登上線維とよばれる軸索を通じて，誤差の信号が送られてきます（2）。誤差の信号が送られてくると，顆粒細胞からの不必要な入力が抑制されます（3）。その結果，無駄な動きがおさえられて，スムーズな動きが身につくと考えられています。

プルキンエ細胞と顆粒細胞

プルキンエ細胞は，登上線維から誤差をあらわす信号を受け取ります。すると平行線維からやってきた不必要な信号が，プルキンエ細胞へ伝わりづらくなります。その結果，無駄な動きがおさえられ，スムーズな動きが身につくと考えられています。

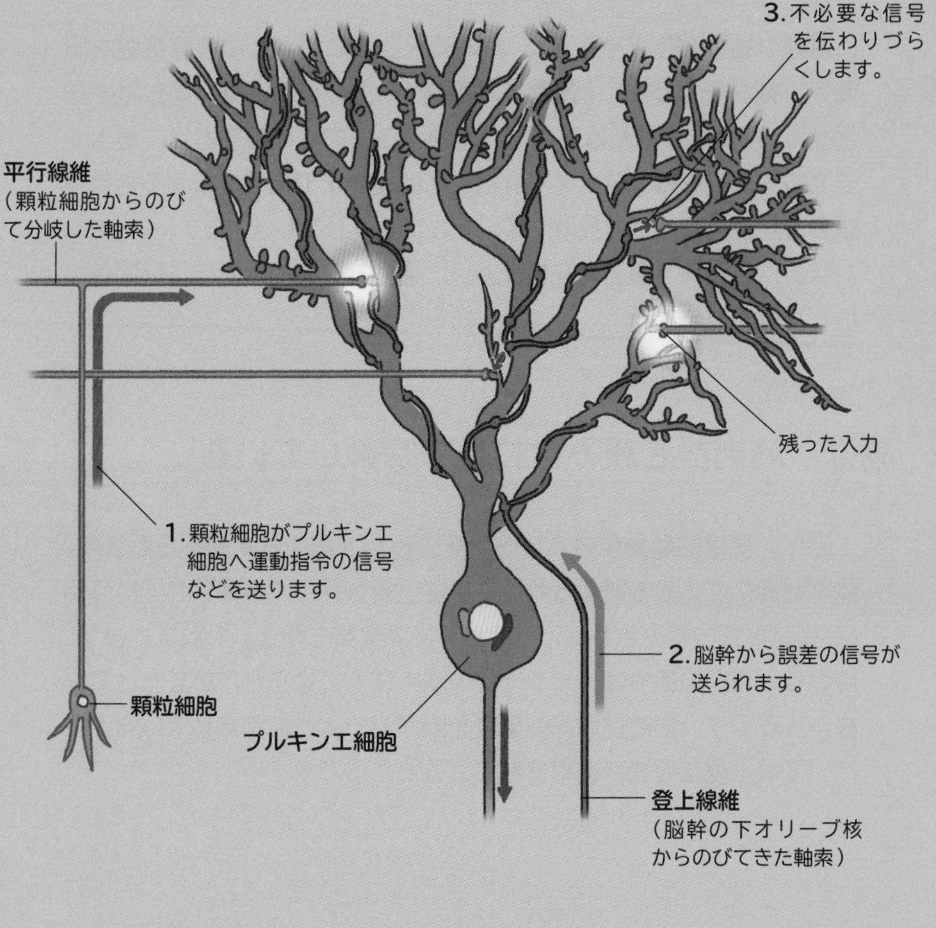

5 脳からの指令は，脊髄を通って筋肉に至る

運動の指令は，脊髄を下って運動神経細胞に渡される

脳から出た運動の指令は，どのように筋肉へと伝えられるのでしょうか。

運動の指令（電気信号）は，脳の第一次運動野などの神経細胞を出発し，脊髄を下って，「運動神経細胞」へ受け渡されます（右のイラスト）。 運動神経細胞はそれぞれ脊髄から筋肉へのびており，担当する筋肉へ指令を振り分けます。たとえば足先まで指令を伝える坐骨神経の運動神経細胞は，長さ１メートルにも達しています。

なお，いわゆる運動神経のよさは，運動神経細胞と直接には関係ないとされています。

脳は，筋肉群を組み合わせて制御している

脳は，基礎的な動作のパターンを生みだす筋肉群を組み合わせて，体を制御していると考えられています。 それがよく発揮されている例は，複雑な指の組み合わせで行うピアノ演奏などだといわれています。脳からの運動の指令は，一つ一つの筋肉ごとに送られているわけではないようです。筋肉群の機能単位を脳がどのように制御しているかについては，現在研究が進められているところです。

運動の指令が送られる経路

運動の指令は第一次運動野の神経細胞を出発し，脊髄を下り，運動神経細胞に接続しています。運動神経細胞へ受け渡された電気信号は，筋肉へ振り分けられて，筋肉を収縮させます。

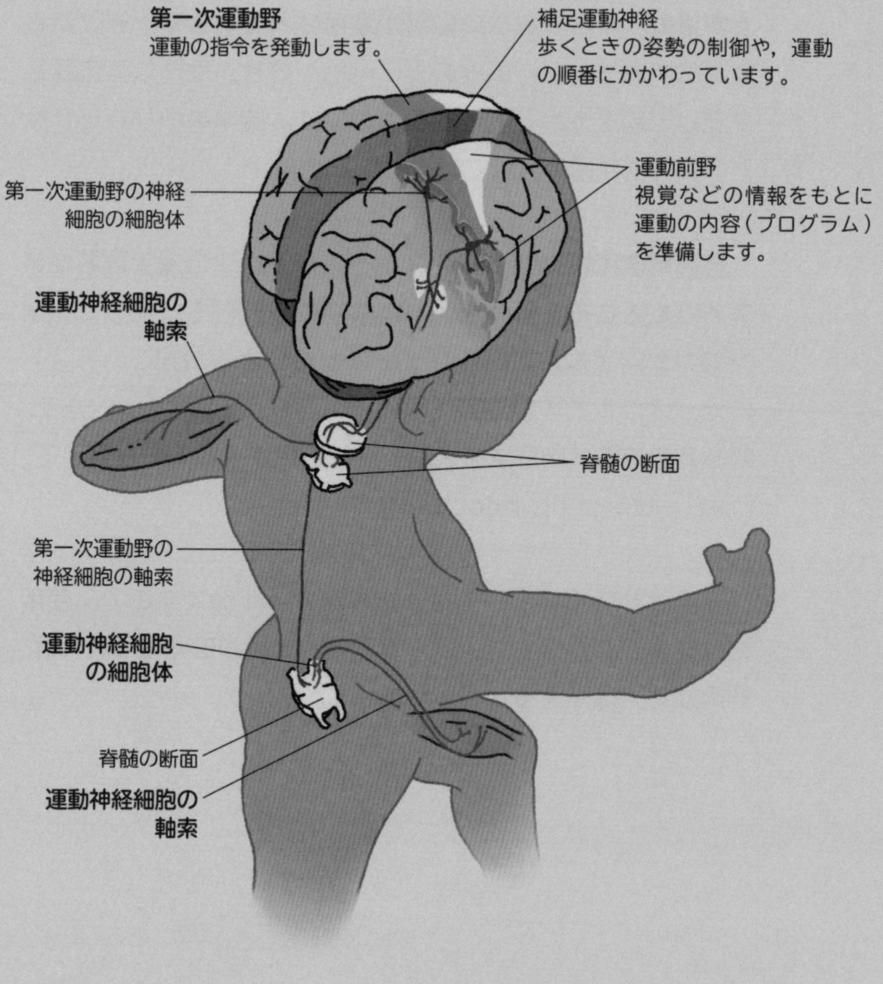

電気刺激で「脳ドーピング」

近年，運動機能を向上させる「経頭蓋直流電気刺激法」という方法の，スポーツへの応用が注目されています。経頭蓋直流電気刺激法とは，頭皮の上に電極を置き，微弱な直流電気を流して脳を外から刺激するものです。脳卒中のリハビリなどへの利用が期待されている方法です。

経頭蓋直流電気刺激法をスキーのジャンプの選手数名にテストしたところ，行わなかった選手にくらべて，70%もジャンプ力が向上したというニュースがありました。このテストには，オリンピック選手も加わっていたようです。一方で，経頭蓋直流電気刺激法をスポーツに応用する行為を批判して，「脳ドーピング」とよぶ人もいます。

安全性や効果についてはまだ検証が不十分ですので，使用には注意が必要です。しかし，安全性や効果が確かめられれば，利用する人はふえるかもしれません。

10

5. おそろしい脳の病気

脳は，私たちの体をコントロールする司令塔です。重要な部位だけに，ダメージを受けると深刻です。第5章では，脳の病気とその治療法を紹介していきます。

1 アルツハイマー病は，40代から忍びよってくる

認知症の原因で最も多いのがアルツハイマー病

近年，認知症の患者数は世界的に急増しています。2016年に4700万人だったが患者数が，2050年には1億人をこえると予測されています。認知症とは，「神経細胞が死んでしまったり，はたらきが悪くなったりするために，記憶力だけでなく，思考能力や行動能力までもが失われ，日常の生活や活動をさまたげる程度にまでなる状態」を指します。**そして，その原因で最も多いのが，「アルツハイマー病」なのです。**

アルツハイマー病は，脳内にゴミがたまる病気

アルツハイマー病とは簡単にいうと，脳内に「アミロイドβ」などの有害なゴミがたまり，学習や記憶にたずさわる神経細胞が死に至る病気です。進行すると，記憶を失ったり，思考能力が低下したりします。

このゴミの蓄積は，アルツハイマー病を発症する10～30年前からすでにはじまっており，アルツハイマー病を発症するころには，それ以上蓄積しない程度にまでたまっていることがわかってきています。つまり，40代のころから，着実にアルツハイマー病は忍びよっているのです。

アルツハイマー病の脳

アルツハイマー病になった人の脳は萎縮します。成人の正常な脳は1400グラムほどです。アルツハイマー病を発症して10年ほど経つと，脳は，800～900グラムほどになってしまいます。

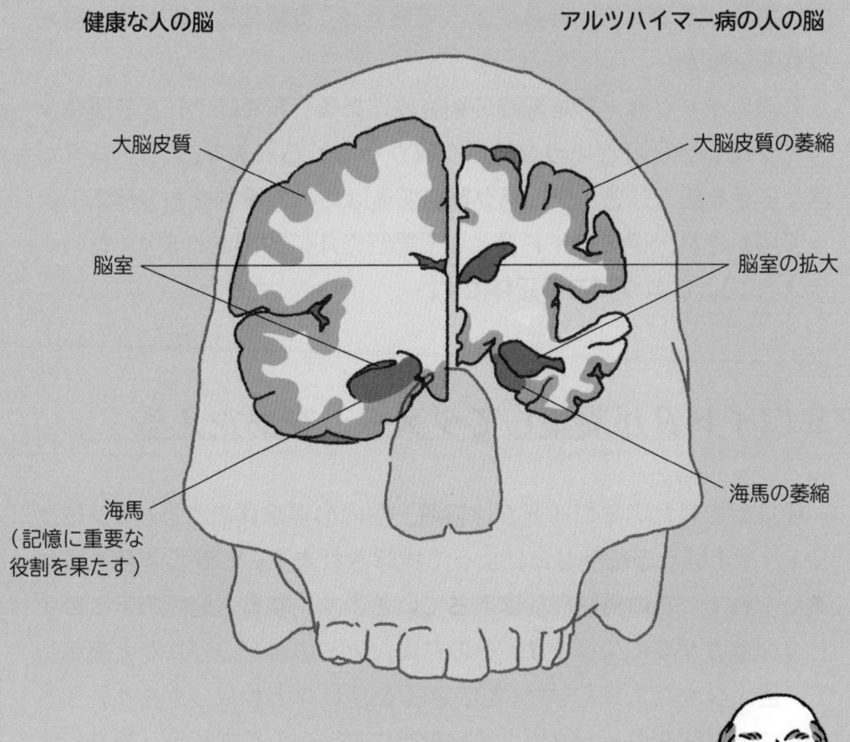

アルツハイマー病は「不治の病」といわれておる。しかしさまざまな最先端研究によって，解決の兆しがみえはじめておるんじゃ。

2 脳のゴミが アルツハイマー病の原因

ゴミの正体は「アミロイドβ」

アルツハイマー病を引きおこす原因は，「アミロイドβ」などの脳内に蓄積するゴミと，それによっておきる「炎症反応」にあると考えられています。

アミロイドβは，神経細胞の細胞膜にある「アミロイドβ前駆体タンパク質（APP）」というタンパク質からつくられます。このAPPがはたらきを終えると，タンパク質を切るはさみの役割をもつ酵素によって切断され，アミロイドβとして細胞の外に放出されます（右のイラスト1）。これがゴミの正体です。

アミロイドβが凝集してダメージをあたえる

切りだされたアミロイドβは普段，脳内の掃除係である「ミクログリア」とよばれる細胞などによって排除されます。**しかし年齢を重ねるにつれて，この掃除機能は落ちていきます。**すると脳内のアミロイドβの濃度が高くなります。その結果，アミロイドβが次々と凝集して，巨大なかたまりとなり（2），神経細胞にまとわりつきます。まとわりついたアミロイドβは，神経細胞にダメージをあたえ，最終的には神経細胞の死を引きおこします（3）。また，シナプス間隙に入りこむことで，情報伝達を阻害するとも考えられています。

脳のゴミが神経細胞に蓄積

アルツハイマー病では，アミロイドβ前駆体タンパク質から切りだされたアミロイドβが，巨大なかたまりとなって（1，2），神経細胞にまとわりつきます（3）。神経細胞にダメージをあたえ，最終的には，神経細胞の死を引きおこします。

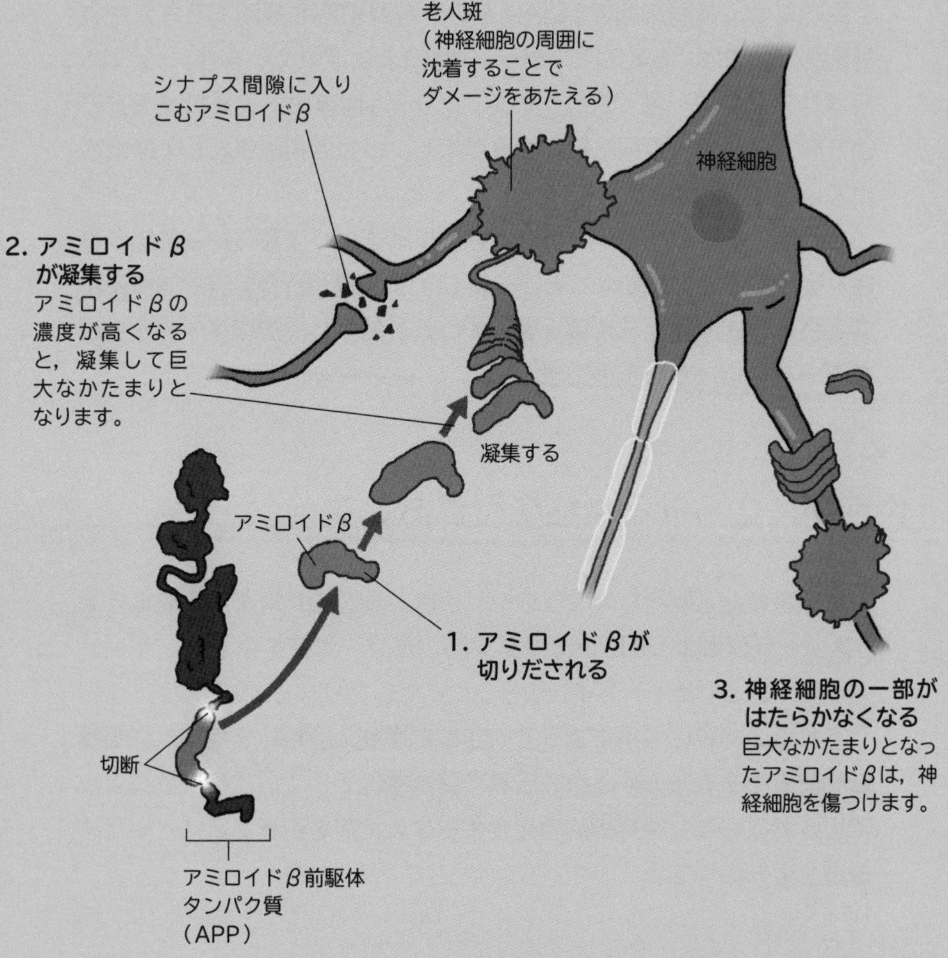

3 掃除係が神経細胞を死に至らせる

ミクログリアが，掃除係としてはたらいている

脳内には，神経細胞の10倍ほどの，神経細胞を補助するさまざまな細胞がいます。総称して「グリア細胞」とよばれています。

グリア細胞の一種である「ミクログリア」は普段，アミロイドβのようなゴミや死んだ神経細胞を取り除く，いわば掃除係としてはたらいています（右のイラスト1）。

しかし，アミロイドβの濃度が過度に高まり，多数の神経細胞が傷害を受けたことを感知すると，一変します。**脳がバクテリアやウイルスといった病原体から攻撃を受けているとみなし，清掃モードから攻撃モードに切りかわるのです。**

炎症が，さらなる炎症を引きおこす

緊急事態だと判断したミクログリアは，周辺の神経細胞を破壊する「フリーラジカル」という分子を放出したり，炎症を引きおこすタンパク質である「サイトカイン」をつくりだしたりします（2）。

これらの物質の作用によって引きおこされた激しい炎症は，大規模な細胞破壊をもたらすと考えられています。そして，炎症反応によって引きおこされた神経細胞の死がさらなる炎症を引きおこすという悪循環を生むのです。

二面性をもつミクログリア

ミクログリアは，アミロイドβがふえると清掃モードから一変して攻撃モードに切りかわります。その結果，脳内で激しい炎症反応がおき，多くの神経細胞が死に至ります。

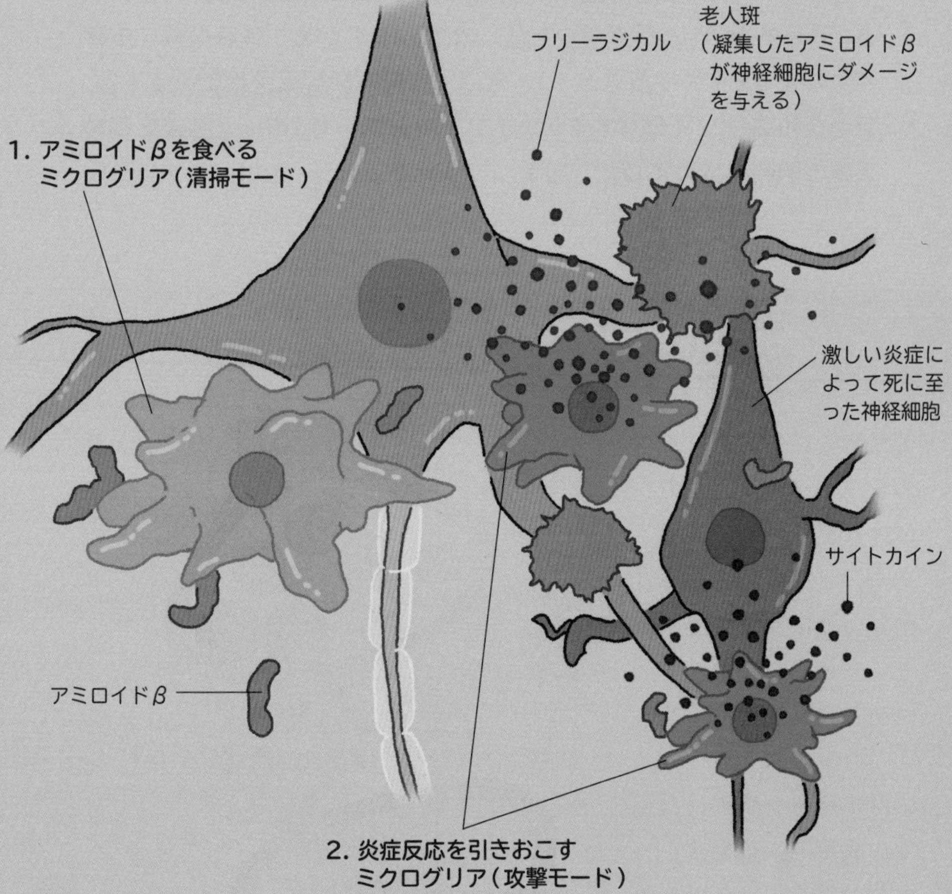

4 アルツハイマー病を完治させる薬はまだない

アルツハイマー病の脳では情報伝達に支障が出る

　アルツハイマー病の脳内では，シナプス間での情報伝達に使われる「アセチルコリン」が減少しています。そのため，情報伝達に支障が生じます（下のイラスト1）。そこで，日本の製薬企業エーザイは，アセチルコリンを分解する「コリンエステラーゼ」のはたらきを弱める薬の開発を進めました。通常，コリンエステラーゼは，シナプス間

ドネペジルの作用のしくみ

健常者にくらべて，アルツハイマー病患者では，シナプス間のアセチルコリンが減少して情報伝達に支障が出ます。ドネペジルは，アセチルコリンを分解するコリンエステラーゼのはたらきを防ぐことで，病気の進行を遅らせる効果があります。

健常者のシナプス

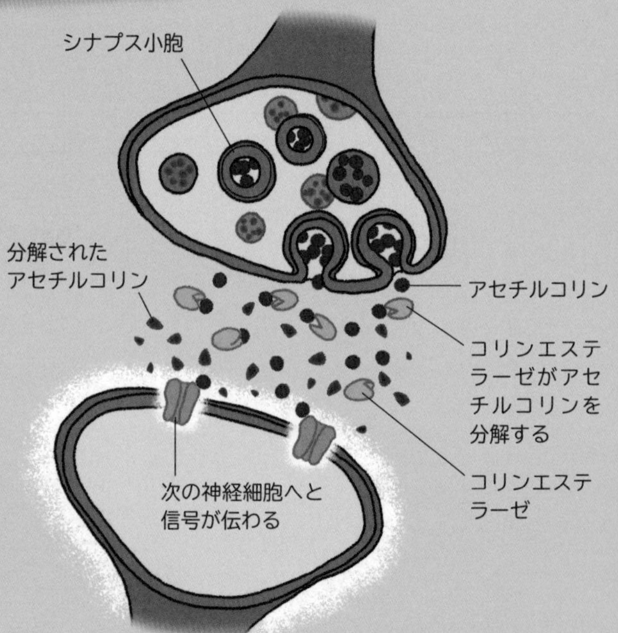

に放出されたアセチルコリンを分解することで，信号が伝わりつづけるのを防いでいます。アルツハイマー病の脳で，コリンエステラーゼのはたらきをおさえれば，次のニューロンに到達するアセチルコリンがふえ，情報伝達の助けになると考えられたのです。

進行を遅らせる対処療法にすぎない

この予想は当たり，コリンエステラーゼを阻害する化合物は，「ドネペジル（商品名：アリセプト®）」として，認知症に対する世界ではじめての薬となりました（2）。ただし，ドネペジルを用いた治療は，症状の進行を遅らせる対症療法にすぎません。**アルツハイマー病に対する根本的な治療法はまだなく，開発が期待されています。**

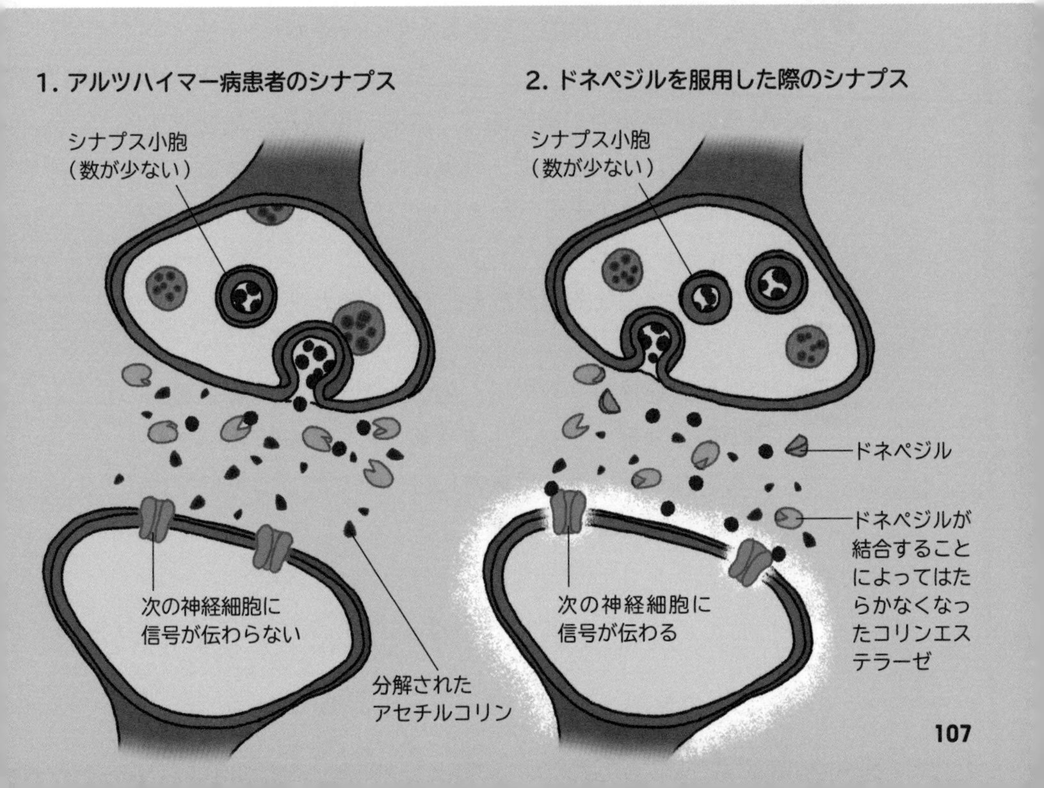

博士！
教えて!!

驚異の能力をもつサヴァン症候群

博士！　この前テレビで，すごい記憶力をもっている人が紹介されていました！　その人は「サヴァン症候群」なんだそうです。サヴァン症候群って，何なんですか？

発達障害や知的障害をもつ人の中に，ごくせまい範囲の分野で突出した能力を発揮する人がおる。そういった人や，症状のことをサヴァン症候群というんじゃ。

たとえば，どんな能力があるんでしょうか？

記憶力や再現力が驚異的で，本を一度読んだだけですべて暗記したり，写真を一瞬見ただけで絵に描けたりするんじゃ。音楽や美術に関する能力が多いのも特徴じゃな。

どうしてそんな能力があるんでしょうか？

サヴァン症候群の能力は，脳の一部分の機能障害を脳の別の部分が補うことで生まれる，という説が提唱されておる。ただサヴァン症候群には，まだわかっていないことがたくさんあるんじゃ。

5 血管が破れたり，詰まったりして，脳卒中がおきる

脳卒中とは，脳血管の障害による病気

脳血管の障害による病気を「脳卒中」といいます。**たとえば脳の血管がやぶれたり（脳出血），詰まったり（脳梗塞）すると，その先に血液が供給されなくなり，脳の細胞が死んでしまいます。**その結果，手足がしびれて動かなくなったり，言葉が話せなくなったり，意識が失われたりし，最悪の場合は死に至ります。

高血圧や動脈硬化が，脳の血管にストレスをかける

脳出血（脳内出血，くも膜下出血）の主な原因は，高血圧です。血圧が高いと，脳の血管の壁に常に強いストレスがかかります。その結果，血管が破れ，出血をおこすことがあるのです。出血の結果，その周辺の脳のはたらきが失われてしまいます。

脳梗塞の主な原因は，動脈硬化です。動脈硬化は，高血圧に加え，糖尿病や脂質異常症（高脂血症）によって引きおこされます。動脈硬化で血管がもろくなると，血の塊（血栓）が形成されやすくなります。この血栓が血管を詰まらせることで，脳梗塞が引きおこされます。また，心臓のような脳以外の組織でつくられた血栓が血流に乗って脳まで運ばれ，脳動脈で詰まることで発症するタイプの脳梗塞もあります。

脳卒中の五つのタイプ

脳の血管が破れておきるのが「脳出血」，血管が詰まるのが「脳梗塞」です。脳出血には，脳内出血とくも膜下出血があります。脳梗塞には，ラクナ性脳梗塞，アテローム血栓性脳梗塞，心原性脳塞栓症があります。

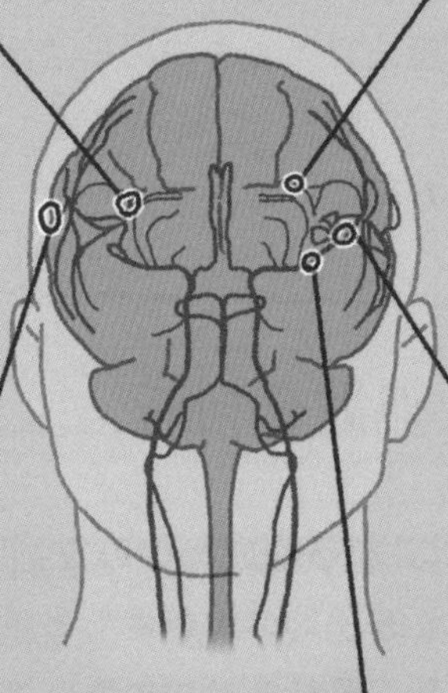

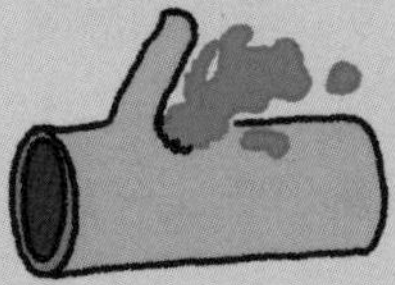

脳内出血
もろくなった脳の動脈が血圧の上昇などによって突然破れて出血をおこす病気です。

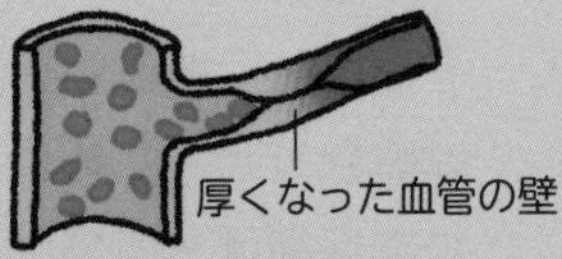

ラクナ性脳梗塞
脳の細い動脈が詰まっておきる病気です。気づかないうちに多数の梗塞ができることで認知症の症状があらわれることがあります。

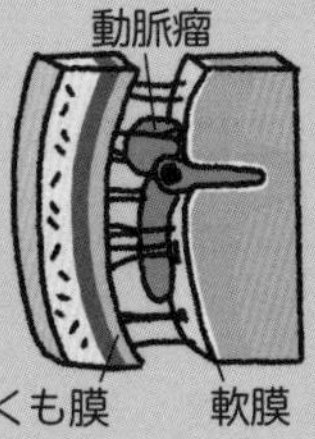

くも膜下出血
軟膜とくも膜の間にある「くも膜下腔」の血管に生じた「動脈瘤（血管にできたこぶ）」が破れて出血する病気です。

心原性脳塞栓症
心臓の中で血液の流れがよどみ，血栓がつくられます。この血栓が血流に乗って脳動脈で詰まる病気です。

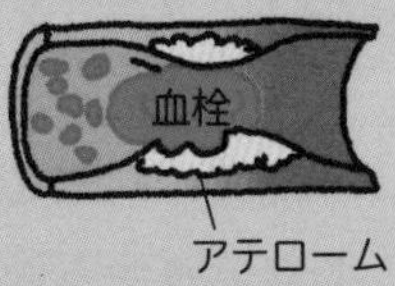

アテローム血栓性脳梗塞
動脈硬化が進行すると，「アテローム」とよばれるふくらみをつくります。さらに，血管内皮細胞が傷つくことで血栓ができ，血管が詰まります。

6 脳血管の時限爆弾の破裂を未然に防ぐ

血管のこぶにコイルを詰める「コイル塞栓術」

脳出血の一つである「くも膜下出血」は，主に脳の動脈にできた血管のこぶである「動脈瘤」が破裂することでおこります。**この動脈瘤の破裂を防ぐために開発された手法が，「コイル塞栓術」です。**コイル塞栓術は，直径1ミリメートルほどのカテーテル（細いチューブ）を使って行われます。カテーテルを太ももの血管にさしこみ，それを脳の血管まで通し，動脈瘤にコイルを詰めることで，動脈瘤を塞ぎます（右のイラスト）。これにより，外科的に頭を開くことなく，動脈瘤の破裂を予防することが可能になりました。

コンピューターで，処置を判断

現在，MRIの画像データから脳血管のみを抽出し，そこに流れる血液の量や血管の壁にかかる圧力の大きさなどを，コンピューター上でシミュレートすることが可能になりつつあります。

その結果，動脈瘤にどのように血液が流れ込んでいるのか，そして，どこに圧力がかかりやすいのかなどを把握できるようになっています。これによって，手術を行うべきか，少し様子を見るべきかなどを的確に判断できるようになってきています。

コイル塞栓術

コイルを詰めることによって，動脈瘤内への血流を遮断します。また，動脈瘤内に血栓がつくられることで，動脈瘤の破裂を防ぐことができます。

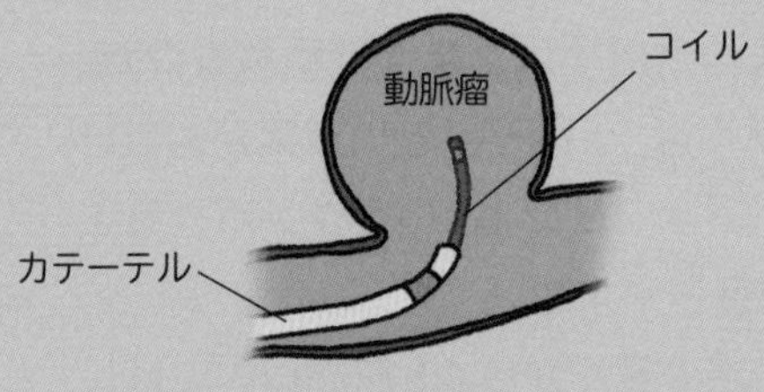

1. カテーテルを血管へ挿入する
患者の足のつけ根を通る太い動脈からカテーテルを挿入し，脳の動脈瘤のある患部までもっていきます。

2. コイルを詰める
動脈瘤の内部に，コイルを詰めていきます。

3. すきまなく埋める
動脈瘤の内部にすきまがなくなるまで，コイルで埋めます。コイルによって動脈瘤内への血流が遮断され，また動脈瘤内に血栓がつくられることで，破裂を防ぐことができます。

脳の動脈瘤の壁は薄く，破れやすいから薬物治療で破裂を防ぐことはむずかしいんだバウ！

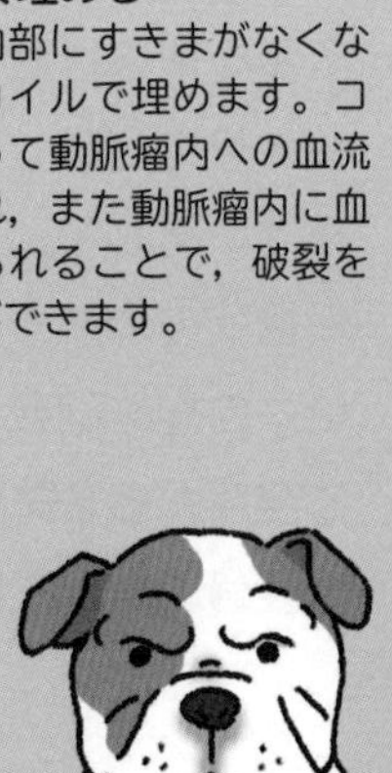

7 血管が詰まったら8時間までが勝負

血栓を溶かして，血流を回復させる

脳に血栓が詰まっておきる脳梗塞の治療では，まず行われるのが，「血栓溶解療法」です。血栓溶解療法では，「t-PA」という薬が使われます。t-PAは，血栓を固めている「フィブリン」というタンパク質を壊すことで血栓を溶かし，血流を回復させます。

しかしこの血栓溶解療法は，脳梗塞の発症から4.5時間以内にはじめなければならないという制約があります。

網目状の金属で，血栓を補足する

第2の手段が，「血栓回収療法」です。患者の足のつけ根を通る太い動脈から，カテーテルを挿入します。そして，脳に向かってカテーテルを進入させていきます。

血栓に到着したら，ガイドとなる金属のワイヤーを血栓に突き刺します。そして，このワイヤーにしたがって，「ステント」とよばれる網目状の金属を挿入し，血栓を捕捉します。そして，ステントとともに，血栓を回収します。この治療法を使うことができるのは，原則的に発症から8時間以内です。この時期の治療の成否が，その後の回復の経過に大きく影響します。

血栓回収療法

カテーテルを用いて，脳の血管に詰まった血栓をからめ取ることで，血流を回復させるのが「血栓回収療法」です。

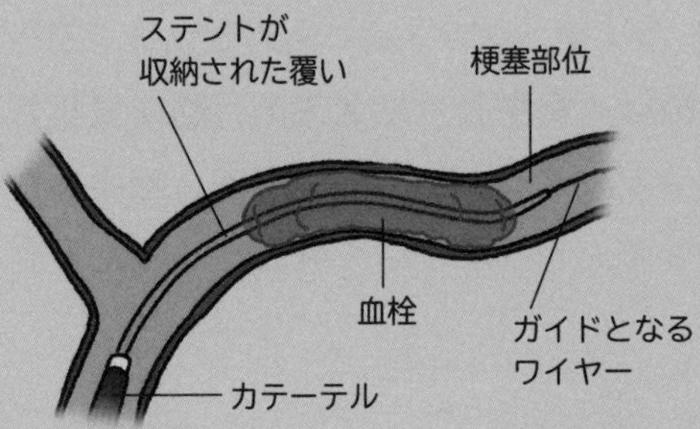

1. カテーテルを血管へ挿入する
カテーテルを脳の血管へ進入させます。ガイドとなるワイヤーに沿って「ステント」とよばれる網目状の金属が収納された覆いを通します。

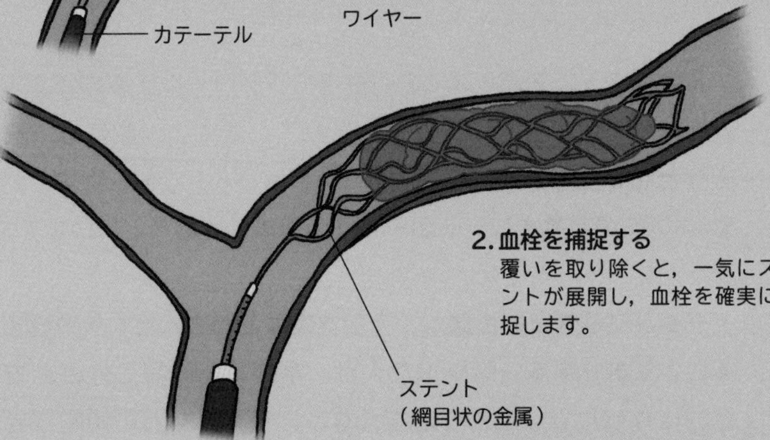

2. 血栓を捕捉する
覆いを取り除くと，一気にステントが展開し，血栓を確実に捕捉します。

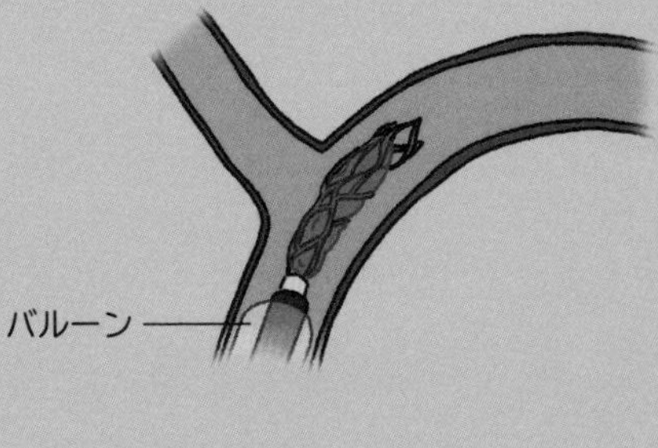

3. 血栓を回収する
バルーン（風船）をふくらませることで血管を一時的に閉塞し，ステントと血栓を回収します。

脳を支配する寄生生物

脳を支配するとされる寄生生物がいるのをご存じですか？主にネコに寄生する「トキソプラズマ」は，ネズミからネコへと感染します。**その戦略は，寄生したネズミの行動を変化させて，ネコに食べられやすくするというものです。**感染したネズミには，攻撃的になる，恐怖心がなくなるといった変化がおきます。

トキソプラズマがネズミの行動をコントロールするメカニズムについては，近年研究が進められています。一説には，快楽などをもたらす神経伝達物質の「ドーパミン」をふやすことで，ネズミの行動をコントロールする可能性があるといいます。

トキソプラズマは加熱不十分な食肉などから，ヒトへ感染することもあります。感染した人は，ネズミと同様に性格が攻撃的になったり，恐怖心がなくなったりするなどの傾向が見られ，自殺や交通事故のリスクが高くなることが報告されています。

8 気分障害の患者が，24年間で11倍に増加

10～15人に1人が，うつ病を発症する

精神疾患の中で，特に現代社会に大きな影を落としている病気が，「うつ病」です。厚生労働省によると，うつ病や躁うつ病といった「気分障害」で治療を受けている患者数は，1984年に9万7000人だったものが，1999年には44万1000人，そして2008年には104万1000人と，24年間で約11倍にも増加しているといいます。

さらに，うつ病ではあるものの実際には医療機関を受診していない人がこの数倍はいると推測されており，10～15人に1人は，生涯のうち一度はうつ病を発症すると考えられています。WHO（世界保健機関）の自殺予防マニュアルによると，自殺者の90%は何らかの精神疾患を患っており，また60%が自殺の際に「抑うつ状態（気分が沈み，何をしても楽しくない状態）」であったと推定しています。

うつ病はどんな世代にもおこりうる

うつ病は,「中年の病気」といわれたこともあります。**しかし実際は，学童期以降，どの世代でもおこりえます（右のイラスト）。**それぞれの人生のステージでかかりやすいうつ病の種類を，事前に把握しておくようにしましょう。

さまざまな年代のうつ

うつ病は，働き盛りの世代だけにおこるものではありません。子ども時代や老年期特有のうつなど，ライフステージにおけるさまざまな出来事が，うつ病発症のきっかけとなります。

子どものうつ

いじめなどでひきこもりや不登校となるケースや，過度な受験戦争による燃え尽き症候群からうつ病を発症することもあります。

働き盛りのうつ

リストラや就職，転職の失敗だけでなく，昇進という一見ポジティブに思える環境の変化でも，うつ病を発症するケースがあります。

女性のうつ

結婚や妊娠，出産といった環境の変化や，家庭内の持続的な葛藤がストレスとなって，うつ病を発症することがあります。

老年期のうつ

退職や配偶者の病気や死亡がきっかけとなって，うつ病を発症することがあります。

9 うつ病患者の海馬は，縮小することがある

ストレスを感じると，「コルチゾール」が分泌される

うつ病の発症には，ストレスが大きく関係していると考えられています。ストレスを受けたとき，体の中では何がおきるのでしょうか。

私たちがストレスを感じると，副腎皮質から「コルチゾール」とよばれるホルモンが分泌されます。**コルチゾールは血流に乗って全身をかけめぐり，血糖値や血圧の上昇といった，ストレスに立ち向かうための体の変化をおこします。**

過剰なコルチゾールが，海馬にダメージをあたえる

最近の研究によれば，過剰なコルチゾールの分泌がつづくと，脳の神経細胞，特に記憶をつかさどる「海馬」の神経細胞がダメージを受けることが明らかになっています。そのため，ストレスを受けつづけると，記憶力が低下することが知られています。**常に緊張状態がつづいているうつ病患者では，海馬が小さくなることがあります。**

またストレスは，恐怖や不安を感じる「扁桃体」のはたらきを高めます。うつ病患者では，扁桃体が異常に活発になっているため，怒りや悲しみ，不安，不甲斐なさといったネガティブな感情を頻繁にもつようになります。

ストレスへの体の反応

ストレスを受けると，脳の視床下部から下垂体を介して，副腎皮質へと情報が伝えられ，「コルチゾール」が分泌されます。これが，ストレスに対抗する体の変化をおこします。過剰なコルチゾールは，海馬などの神経細胞にダメージをあたえます。

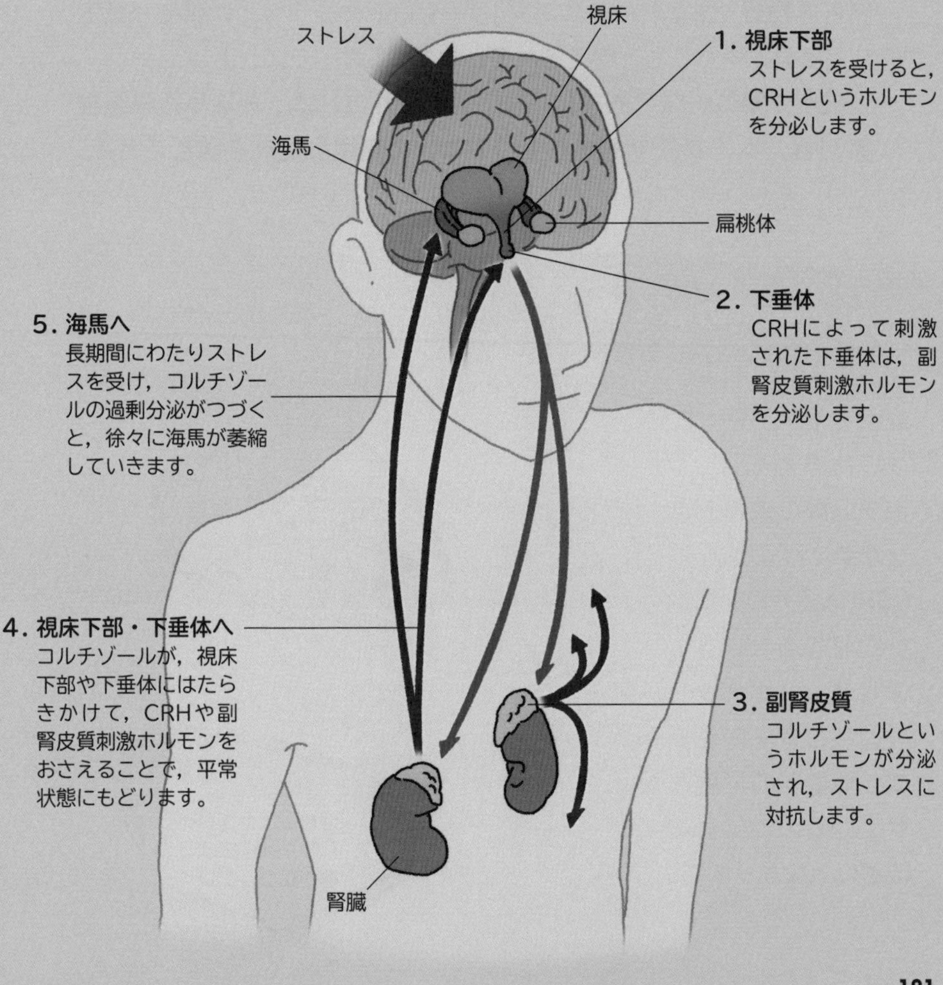

10 信号の伝達を改善するうつ病の治療薬

セロトニンの量をふやし，回復させる

うつ病になると，興味や快感，学習などに重要なはたらきをもつ神経伝達物質である「ドーパミン」や「セロトニン」などの機能が低下し，気分が落ちこむと考えられています（下のイラスト1）。

抗うつ薬の一つである「SSRI（選択的セロトニン再取り込み阻害薬）」は，シナプスでおきるセロトニンの再取り込みを防ぐことで，

SSRIの作用のしくみ

健常者にくらべて，うつ病患者では，シナプス間のセロトニンが減少しています。SSRIは，セロトニンを回収するセロトニントランスポーターのはたらきを防ぎます。セロトニン濃度が上がり，うつ病の改善につながります。

健常者のシナプス

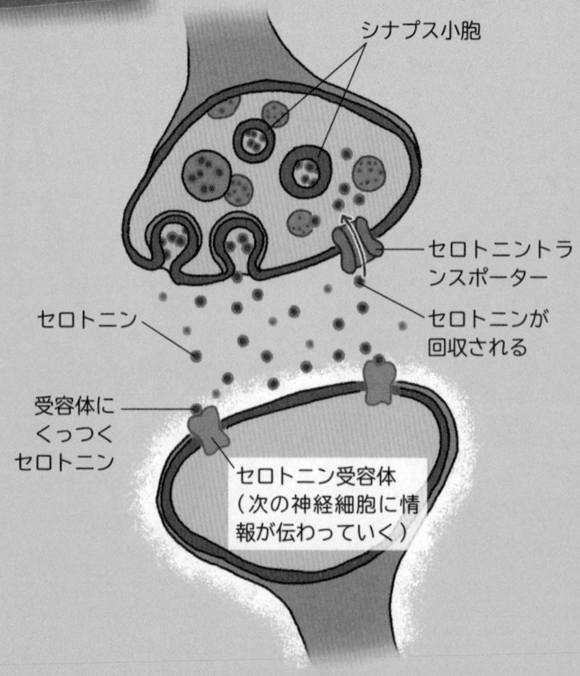

シナプス間隙のセロトニン量をふやし，うつ病を改善します(2)。

セロトニンがふえると情報伝達が活発になる

SSRIを服用すると，数時間でシナプス間隙のセロトニン濃度は上昇します。しかし，抑うつ状態を改善するには，最低でも数週間，服用をつづける必要があることが知られています。

セロトニンの量がふえると，神経細胞間の情報伝達が活発になり，神経細胞の成長をうながすタンパク質がふえます。**その結果，神経細胞が樹状突起をのばしたり，ほかの神経細胞とのシナプス形成を促進したり，新たな神経細胞がつくられたりします。**これが，うつ病の改善につながると考えられています。

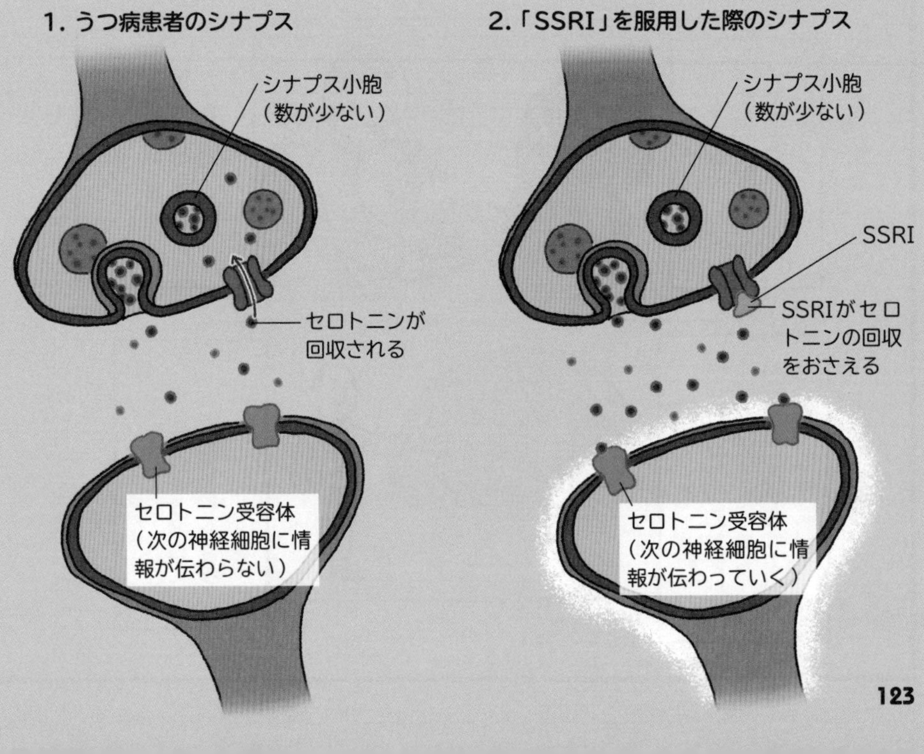

脳の地図を作成

「脳地図」をつくったコルビニアン・ブロードマン。１８６８年、ドイツのホーエンフェルスで生まれた
ミュンヘン大学やベルリン大学などで医学を学び精神科医となった
地図学者が地図を作成するようにブロードマンは大脳の地図を作成したのだ
ブロードマンが本格的に大脳区分の研究を開始したのは１９０１年
１９０５年にはサルの脳地図を作成した
その後１９０８年にヒトの脳地図を作成
ブロードマンの脳地図は１００年たった今でも脳の研究に用いられている

未完成の脳地図

ブロードマンは
1909年
1910年にも
脳地図を改良して
発表している
1909年
1910年
すごいところ①
大脳皮質を6層に分け
層構造のちがいを
手がかりに大脳皮質を
領野に分けた
エッヘン
層構造のわずかなちがいも見のがさなかったんじゃ
すごいところ②
分けた52の領野に番号
をつけることで
より分かりやすい
脳地図となった
6
7
45
10
22
39
18
21
37
わかりやすいじゃろ
その後、この脳地図は
大脳皮質の場所による
機能のちがいを
よく反映していることが
分かった
1918年
ブロードマンは
49歳の若さで
この世を去った
まだまだ未完成
番号に欠番が
あることから
脳地図は未完成で
あったと
考えられている

シリーズ第20弾!!

ニュートン式
超図解 最強に面白い!!

無の科学

A5判・128ページ　990円（税込）

「無」とは何でしょうか？ 無という言葉は「何も存在しないこと」を意味します。そのような無は退屈で，何も論ずることはないように思えるかもしれません。

しかし，科学者たちはそうは考えません。実際の無は，実にダイナミックでエキサイティングです。本書は，無を，数学，自然界，空間，時空の観点から，“最強に”面白く紹介します。ぜひご一読ください！

主な内容

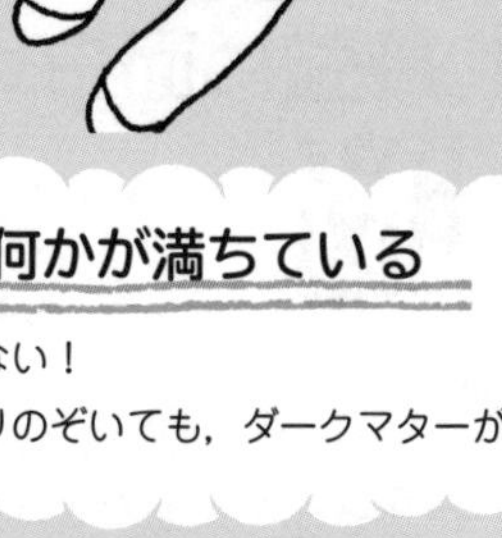

数字の「無」の誕生

ゼロは長らく数とみなされなかった
数としてのゼロがインドで生まれた

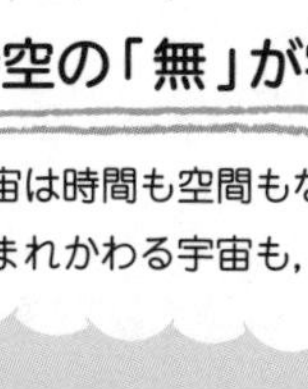

「無」の空間には何かが満ちている

真空は，完全な無ではない！
普通の物質をすべてとりのぞいても，ダークマターが残る

時空の「無」が宇宙を生んだ

宇宙は時間も空間もない究極の無から生まれた
生まれかわる宇宙も，無からはじまったのかもしれない

Staff

Editorial Management　木村直之
Editorial Staff　井手 亮
Cover Design　岩本陽一
Editorial Cooperation　株式会社 オフィス201（奥村典子，山田理絵）

Illustration

表紙カバー	佐藤蘭名，羽田野乃花
表紙	佐藤蘭名，羽田野乃花
3	佐藤蘭名
5~11	佐藤蘭名
12-13	黒田清桐さんのイラストを元に佐藤蘭名が作成
15~45	佐藤蘭名
47	小林稔さんのイラストを元に佐藤蘭名が作成
49~101	佐藤蘭名
103	木下真一郎さんのイラストを元に佐藤蘭名が作成
105	黒田清桐さんのイラストを元に佐藤蘭名が作成
106~125	佐藤蘭名

監修（敬称略）：
久保健一郎（慶應義塾大学医学部准教授）

本書は主に，Newton 別冊『脳とは何か』，Newton 別冊『脳とニューロン』，
Newton 別冊『脳力のしくみ』の一部記事を抜粋し，大幅に加筆・再編集したものです。

初出記事へのご協力者（敬称略）：
甘利俊一（東京大学名誉教授，理化学研究所栄誉研究員）
井ノ口 馨（富山大学学術研究部医学系卓越教授）
飯島敏夫（東北大学特任教授・名誉教授）
入來篤史（理化学研究所生命機能科学研究センター象徴概念発達研究チームチームリーダー）
大平英樹（名古屋大学大学院情報学研究科心理学講座教授）
筧 慎治（東京都医学総合研究所運動障害プロジェクトプロジェクトリーダー）
川人光男（国際電気通信基礎技術研究所（ATR）脳情報通信総合研究所所長・ATRフェロー，同脳情報研究所長）
河西春郎（東京大学大学院医学系研究科疾患生命工学センター構造生理学教授）
功刀 浩（帝京大学精神神経科学講座教授）
久保健一郎（慶應義塾大学医学部准教授）
西道隆臣（理化学研究所脳神経科学研究センター神経老化制御研究チームリーダー）
坂井克之（代々木駅前さかいクリニック院長）
佐藤 弥（京都大学こころの未来研究センター特定准教授）
内藤栄一（情報通信研究機構脳情報通信融合研究センター脳情報通信融合研究室研究マネージャー）
村山雄一（東京慈恵会医科大学脳神経外科学講座主任教授）
堀越 勝（国立精神・神経医療研究センター認知行動療法センターセンター長）

ニュートン式
超図解 最強に面白い!!
脳

2020年5月15日発行　2022年6月10日 第3刷

発行人　高森康雄
編集人　木村直之
発行所　株式会社 ニュートンプレス　〒112-0012 東京都文京区大塚3-11-6

ISBN978-4-315-52234-1